# 不焦虑的数学思想

## 让人人都能开窍

贼 叉——著

人民邮电出版社
北 京

**图书在版编目(CIP)数据**

不焦虑的数学思想:让人人都能开窍/贼叉著.--北京:人民邮电出版社,2024.7

(图灵新知)

ISBN 978-7-115-64564-7

Ⅰ.①不… Ⅱ.①贼… Ⅲ.①数学-普及读物 Ⅳ.①O1-49

中国国家版本馆CIP数据核字(2024)第111966号

## 内 容 提 要

建立数学思想，是数学学习的重要目标之一。本书讲述了化归、猜想与反例、概率、递归、反证、抽象、对称、悖论、极值、分类和极限等十多种在数学学习的基础阶段较为常见的数学思想。作者结合大众在生活和学习中常见的数学问题，讲述了这些数学思想的历史发展过程，以及有趣的人物和故事，激发读者学习数学的兴趣，帮助读者开拓思路，掌握数学思想中的基本要素，体会其中的妙处，学会在学习和生活中应用这些思想和方法。

本书适合对数学思想、数学史和数学故事感兴趣的大众读者阅读。

◆ 著　　　贼　叉

责任编辑　戴　童

责任印制　胡　南

◆ 人民邮电出版社出版发行　　北京市丰台区成寿寺路11号

邮编　100164　　电子邮件　315@ptpress.com.cn

网址　https://www.ptpress.com.cn

涿州市京南印刷厂印刷

◆ 开本:720×960　1/16

印张:13.75　　　　2024年7月第1版

字数:204千字　　　2024年7月河北第1次印刷

定价:79.80元

**读者服务热线:(010)84084456-6009　印装质量热线:(010)81055316**

**反盗版热线:(010)81055315**

**广告经营许可证:京东市监广登字20170147号**

# 前 言

我至今记得一次在高考冲刺阶段给孩子们讲课的情形。听完我的试听课后，有一个男生表示我讲的内容偏重“应试”，不太像“数学”。听了他的话，我其实很开心——这个孩子或许真懂一些数学。有时候，老师为了“应试”所讲的数学，和真正的数学思想确实不太一样。众所周知，我写“不焦虑”系列更多是为了解决中小学生在数学考试中所遇到的问题，因此我有时不得不舍弃数学“美”的部分。于是，有些读者觉得读起来不过瘾，希望我能聊聊更多的数学思想和数学思维方式，或者讲一些与数学有关的有趣故事——别把美好的数学总搞成那么“功利”的样子。

唉……大家以为这种书好写吗？在《鹿鼎记》的电影版中，面对一堆武功秘籍，陈近南对韦小宝说：“我是看了三年，练了三十年，才有今天的境界。”（台词大概是这样。）数学思想博大精深，我勤学苦练三十多年，说自己略窥门径尚且有些底气不足，这就是我迟迟不敢动笔写这类科普书的原因之一。而且，数学科普的经典作品实在太多，既有“大部头”也有小册子，作者大多是鼎鼎大名的“大方”。珠玉在前，我贸然来狗尾续貂吗？

不过，我曾经向大众读者推荐过一些我自己认为写得深入浅出的好书，但大多数人看完后的反应竟然还是“这书太难了！”。在得到这一反馈的那一刻，我意识到自己和这些读者的认知可能存在差距：我眼中的“通俗易懂”和他们眼中的“通俗易懂”，其实不是一个“通俗易懂”。

我确实通过不少名家之作领略到了数学思想的深邃和美妙，但大众读者直接去读这些书，可能会有些吃力。比如，数学工作者在写作的时候很喜欢用一个词——“显然”，可对于大众来说，最可怕的就是这“显然”二字。当然，还有很多时候，作者甚至连“显然”二字都懒得写，大众读者看着看着就摸不着头脑了。因此，把这些数学思想说得再通俗一点儿，可能仍然是一件很有意义的事情。

毕竟，作为一个数学工作者，我不希望孩子们只会单纯地应付考试，尽管考试对他们来说仍然具有现实意义。不过，无论从培养数学素养的角度来看，还是从应对考试的实用角度来看，如果孩子们能够掌握一些基本的数学思想，那必然是有好处的。这种好处并不直接，有时候甚至不太明显，或者正如有些人说的，在考试中“见效”甚缓——世上当然有快速提分的方法，比如有些家长在潜心研究十年真题后，给孩子“比划”几天就能让孩子多考十分、八分，这也并非不可能。但是，最稳妥的办法当然是从根本上提升数学水平，理解数学思想就是绕不过去的坎儿。培养数学思想，才是数学学习的根本目标。

对我来说，创作这本书是一次尝试。我的目的很明确：一是把深邃的数学思想尽量讲明白；二是激发孩子们的兴趣。本书涉及的数学知识范围不超过高中内容，我会在自己的能力范围之内，尽可能帮读者弄明白这些最基本、最常见的数学思想“是什么”“有什么用”，尽量不让大家担心“我知识储备不够怎么办”“我读不懂怎么办”。如果在读完这本书后，你能惊呼一声“数学好有意思啊！”，吾愿足矣。

# 目 录

$3^2+4^2=5^2$
3
4
5

# 第 1 章 化归

如果这个世界上的消防员都让数学家来担任，那简直无法想象会是什么样的场景。

假设某位数学家经过一系列的专业学习，掌握了各种灭火技能。某天，他来到一个小巷子，巷子里有一家货栈、一个消火栓和一根软管。如果此时货栈起火，他会毫不犹豫地把软管接在消火栓上，然后拧开阀门，进行灭火。

如果此时货栈没有起火，而你碰巧又开了句玩笑："现在没有起火，你又该如何灭火?"

那就完了。面对这种情况，数学家会不慌不忙地放一把火，这样就把一个对他而言陌生的问题转化成一个他熟悉的问题。然后，他会把软管接在消火栓上，拧开阀门，进行灭火——还好这只是个笑话。

但是，这个笑话告诉了我们数学中一种重要的思想——化归。所谓化归，就是把一个未知的问题通过某种方式转化成一个已知的问题。

我们仔细想一想，就会发现这简直就是"听君一席话，胜似一席话"。无论对于哪个学科来说，这不都是终极目标吗？道理是没错。这就是为什么人们会强调："数学很重要。"我们可以通过适当的数学训练，逐步学会怎么把"未知"转化成"已知"。是的，"从未知到已知"是目标，"如何把未知转化成已知”是手段。目标是人人都知道的，手段却不是人人都会使用的。而且，通过适当的数学训练，化归思想可以逐渐入脑、入心。千万别小看“指导思想”这种东西，很多时候，迷雾都是被一句话拨开的。

当年，朱棣为了到底让谁来继承大统颇费思量，结果朱高炽凭借别人一句“好圣孙”荣登大宝——这不就是一句话的事吗？朱棣何许人也？他的治国水平在“皇帝圈”里是排得上号的，然而在接班人的问题上，他为什么踌躇许久？很多事情，我们在事后想起来都会说：“当时就应该这样、那样。”但在当下，我们就是想不破那关键的问题所在。你说，大明江山难道只传一代人吗？朱棣难道想不到这一点？可这么聪明的人当时就是没想到，你说奇不奇怪？

现在来看，你是不是觉得“把未知转化成已知”包含了无上的智慧？当然，如果我们能想出具体的手段来实现“从未知到已知”，那就再好不过了。

如果你真的能领会到数学中最根本的思想，理论上，你就可以用这个思想来解决任何问题——是的，理论上。对绝大多数人来说，化归最大的难点就在于“如何”把未知转化为已知。数学家消防员在碰到没起火的情况时，能想到放上一把火，这就是具体的手段，也就是实践思想的方法。如果没有掌握具体的手段，很难说你真的具备了这种思想。

从严格意义上来说，本章内容就像全书的“总纲”，而本书中的其他思想可以被视为化归的分身——就像孙悟空和他的毫毛之间的关系一样。化归的力量是巨大的，当然这也是一把“双刃剑”，运用不当的话，使用者会被“反噬”。我们来看几个故事，更直观地讲一讲化归。

人们对数学的认知是从数开始的。在今天的日常生活中，人们计数通常使用十进制，即“逢十进一”。我们会采用十进制的原因，说出来恐怕令人啼笑皆非：因为人类有十根手指。所以，假设人类有且仅有两根手指，那也许现在人机交互早就实现了（因为二进制是计算机运算的基础）。

值得一提的是，玛雅人采用的是二十进制——啊，化归思想在这时候就能用上了，请问：玛雅人采用二十进制最可能的原因是什么？好吧，这个问题你不会答。那不妨看看，现在你会答的是什么问题？今天的我们普遍采用十进制，是因为人类有十根手指，那么玛雅人采用二十进制的话……是因为玛雅人把手指和脚趾都用上了吧？回答正确。让我们还是回到现代社会中来，毕竟现代人既要穿鞋又要穿袜子，为了数清楚有几个苹果、几枚鸡蛋还要脱鞋、脱袜子，确实有些麻烦。况且，当着别人的面掰脚趾实在不太雅观。

随着生产力的不断发展，人类获得的物资越来越丰富，这使得人们对数的需求越来越高，简单的计数方法已经不够用了，比如若干兔子和鸡关在一起以后……

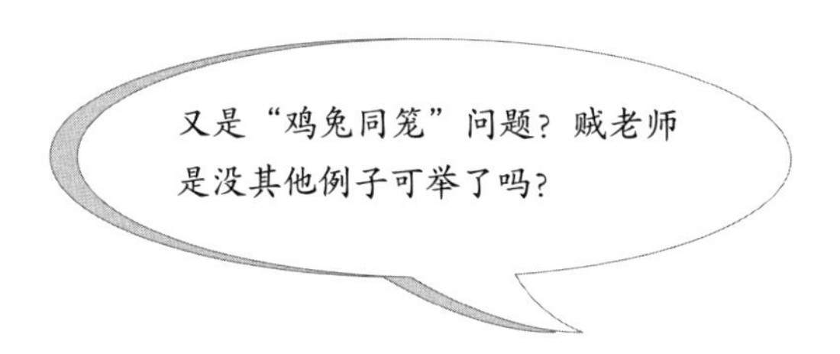


好吧，那我讲一个和尚分馒头的故事[①]吧，说：

一百馒头一百僧，
大僧三个更无争。
小僧三人分一个，
大僧小僧各几丁？

① 这个故事出自明代数学家程大位编著的中国古代数学名著《算法统宗》。

翻译为白话文就是：现在有一百个馒头和大小和尚一百位，大和尚一人要吃三个馒头，小和尚三人吃一个馒头，问：大和尚、小和尚各有多少人？

贼老师，我书读得虽然不多，但你也休想骗我，这不就是“鸡兔同笼”问题的“变种”吗？如果我们把大和尚看成鸡，小和尚看成兔，馒头看成脚，这不就变成一只鸡有三只脚，三只兔子有一只脚，鸡和兔子都有一个头，问：有多少只鸡、多少只兔子？

你看看你说的这段话，是不是在无意中把化归用出来了？

大多数人会直接用方程求解，设未知数 $x$ 和 $y$ 来解决问题。能用方程解决的事情，为什么还要先转化成“鸡兔同笼”问题，这不是多此一举吗？然而，你有没有想过这么一个问题：在本质上，“鸡兔同笼”问题中的鸡和兔与你所设的未知数 $x$ 和 $y$ 有区别吗？换句话说，所有的二元一次方程组都可以看成“特种鸡”和“特种兔”的问题：

每只鸡有若干头和若干脚，每只兔子有若干头和若干脚，两种动物凑一起有若干头和若干脚，问：共有多少只鸡、多少只兔？

这不就是化归吗？

事实上，在很多数学老教材中，关于“鸡兔同笼”问题的解法也是包含了化归思想的。比如，若干鸡和若干兔关在一起，共有 20 个头和 50 只脚，问：有多少只鸡、多少只兔？当时的解法如下：

假设鸡与兔通人性，发一令，鸡与兔俱抬一足，50 足去 20 足剩 30 足；

又发一令，鸡与兔复抬一足，30 足去 20 足剩 10 足。至此，鸡已仆地，兔犹双足而立，共有 10 足除以每兔双足，得兔 5 头。

翻译成白话就是：假设鸡和兔子都通人性，现在我吹一下哨子，鸡和兔子同时抬起一只脚，原本地上有 50 只脚站着，此时只剩下 30 只脚了；又吹一下哨子，鸡和兔子再抬起一只脚，此时鸡一屁股坐地下了，兔子还剩两只脚站着，这时候，地上还剩下 10 只脚且全是兔子的脚，而每只兔子还剩两只脚，于是知道有 5 只兔子。你是不是觉得，这种解法充满了画面感和喜感？这个解法的实质就是把所有兔子都看成鸡——我处理不了兔子，我还处理不了鸡吗？因为兔子和鸡都只有一个头，吹了两次哨子以后，鸡就只能一屁股坐地下，从而我们算出了兔子的只数。

不难看出，整个讲解过程不仅饱含了化归的思想，而且讲述方法颇有童趣。令人遗憾的是，虽然我国古代在数的计算上拥有丰富的成果，但是囿于农耕的实际需求，以及缺乏高效、简洁的数学符号体系，我们的古代数学家们没能进一步思考数的本质和抽象运算，他们往往热衷于解决实际问题，导致了我们有很多数学实际应用的例子，却鲜有人发现其中的数学规律——就算发现了，也都是零星的结论，而不成系统。

随意翻开一本我国古代的数学著作，从《九章算术》《周髀算经》到中国古代数学巅峰之作《四元玉鉴》，你会发现，这些书中几乎所有的数都被用来描述具体的事物。换句话说，假如每个数后面都跟着一个量词，是毫不违和的。在计算上，我国古代数学家展现了无与伦比的技巧。特别值得一提的是在《四元玉鉴》中，元朝数学家朱世杰用实例描述了如何求解多元高次方程组以及高阶等差级数如何求和，这在当时属于世界领先。

朱世杰在求解多元高次方程组时，也充分运用了化归的思想，他创造出一套完整的消未知数的方法，使得多元方程组变为一元方程。而直到 18 世纪，法国数学家才系统地阐述了类似的方法。在把多元方程组变为一元方程后，朱世杰使用“增乘开方法”求出方程的解。北宋数学家贾宪发展了“增乘开方法”，南宋数学家秦九韶在《数书九章》中详细地加以描述。在西方，这种方法被称为霍纳法，发现时间比我国晚了 700 多年。然而在一元高次（三次、四次）方程的精确解（即求根公式）的研究上，我国古代数学家却始终没能更进一步。

把数从实物中剥离出来成为抽象的概念，这绝对是数学史上的一大创举。不可否认，在这个过程中，西方数学家走在了一条正确的道路上。我们不妨先来聊聊古希腊的毕达哥拉斯学派做出的巨大贡献。毕达哥拉斯学派的代表人物是毕达哥拉斯（Pythagoras）——这句话看起来真的很像我为了凑字数而写的。他是古希腊著名的数学家、哲学家，也绝对是“人生赢家”——有智慧、活得长。毕达哥拉斯的生卒年份不太确切，大约为公元前 580 年到公元前 500 年（也有说公元前 490 年的），无论如何，在当时那个年代，有这样的寿命绝对是“人瑞”了。相传，毕达哥拉斯是西方历史上第一个发现勾股定理的人。有一个传说，他在发现了这个定理之后激动万分，直接宰了一百头牛，祭祀上苍，所以勾股定理在西方也被称为“百牛定理”。

此后，毕达哥拉斯学派中一位名叫希帕索斯（Hippasus）的门生在研究边长为 1 的正方形（称为单位正方形）的对角线时，给了自己的学派一个沉重打击。毕达哥拉斯曾经断言，世界上所有的数都能写成两个整数之比的形式。我们现在知道，单位正方形的对角线长度为 $\sqrt{2}$，这是一个无理数。也就是说，这个数不能写成两个整数之比的形式。

其实，说无理数“无理”也不是一件无理的事[①]，毕竟正方形这么漂亮的图形，其对角线的长度却如此“不讲武德”。但从另一个角度想，圆可是

① 无理数的英文是 irrational number，irrational 的第一解释确实是“不合理的，没道理的”，所以 irrational number 被译为无理数。但其实 irrational 应该是从 ratio（即比例）一词而来，意为“不成比例的，不可表示为比例的”。

比正方形更漂亮的图形，它的周长和直径比 π 不光是个无理数，还是个超越数（即不能表示为整系数多项式的根的数），比 $\sqrt{2}$（它是 $x^2-2=0$ 的根）更“不讲武德”——也许，这就是数学的神奇之处吧，越是漂亮的玩意儿，越是得给你找点儿事做做。

然而在两千多年前，毕达哥拉斯学派被希帕索斯的结论吓坏了——事实上，哪怕到了 19 世纪，德国大数学家克罗内克（Leopold Kronceker）也拒绝承认无理数的存在，这样看来，毕达哥拉斯学派也不算丢人。但毕先生贵为一代宗师，他的门徒的“偶像包袱”还是很重的。希帕索斯的结论可以说是狠狠打了毕达哥拉斯学派的脸，门徒们无论如何也不能接受世界上居然还存在无理数这种东西。于是学派下令，谁也不许把这个发现向外透露。

但是，纸是包不住火的。很快，许多人就知道了这个事情。在传说中，门徒们震怒之下开始彻查，结果发现，居然是希帕索斯自己把这个秘密四处扩散的。于是他们下了追杀令，希帕索斯不得不开始流亡生涯。结果有一天，希帕索斯在海上遇难，据说是被人残忍地扔进了海里。

好吧，讲了这么长的故事，我们终于开始切入化归这个主题了。现在的问题是：为什么 $\sqrt{2}$ 不能写成两个整数之比呢？

按照常规的想法，要证明这个结论，就要把所有的两个整数之比都写出来，然后和 $\sqrt{2}$ 一一比对：这个不对，那个也不对……直到宇宙毁灭的那一天，你也完不成这项工作，因为两个整数之比有无穷多种情形。

那么，我们能证明的情形是什么样的呢？一个数能够写成两个整数之比的情形。假设 $\sqrt{2}$ 能够写成两个整数之比的形式，即 $\sqrt{2}=\frac{q}{p}$，其中 $p$ 和 $q$ 为互质的整数且 $p$ 不为 0，等式两边平方可得 $2=\frac{q^2}{p^2}$，于是我们有 $2p^2=q^2$。

如果 $p$ 和 $q$ 都是奇数，显然矛盾；如果 $p$ 是偶数，$q$ 是奇数，显然矛盾；如果 $p$ 是奇数，$q$ 是偶数呢？注意，此时等式右边 $q^2$ 必然是 4 的倍数，而等式左边只是 2 的倍数，显然也矛盾。因此不存在符合假设的互质的整数 $p$ 和 $q$，使得 $\sqrt{2}=\frac{q}{p}$ 。你看，这不就把一个完全陌生的问题转化成我们已知的问题了？

当然，化归也有失效的时候。比如，这些年，我经常看到一些人信誓旦旦地告诉大家一个结论：所有自然数的和等于 $-\frac{1}{12}$ 。我们用脚趾头想想这件事，都觉得不靠谱，但是人家还真能用单纯的化归方法来证明这是对的。

设 $S=1+2+3+\cdots$ ，问题是自然数有无限多个，这种情形我们没碰到过，但有限多的情形我们是见过的，那就把无限的情形转换成有限的看看吧，于是记

$$S=1+2+3+\cdots,\quad T=1-2+3-4+5-6+\cdots,$$

则

$$S-T=4+8+12+\cdots=4S,$$

即 $S=-\frac{T}{3}$ 。而

$$\begin{aligned}2T&=1+1-2-2+3+3-4-4+5+5-6-6+\cdots\\&=1+(1-2)+(3-2)+(3-4)+(5-4)+\cdots\\&=1-1+1-1+1-1+\cdots\end{aligned}$$

按如下方式写出两个 $2T$ ：

$$2T = 1-1+1-1+1-1+\cdots$$
$$2T = \quad 1-1+1-1+1-1+\cdots$$

将两个式子相加，得到

$$4T = 1+0+0+0+\cdots$$

即 $T = \frac{1}{4}$，$S = -\frac{1}{12}$。

这个证明是不是令人目瞪口呆？无穷多个自然数的和为什么竟然是一个负数？是推导的过程出了什么问题吗？经过仔细检查，我们发现整个推导过程并没有任何不对的地方，但结果显然是荒谬的。问题出在哪里呢？

当我们把一切可能导致错误的因素全部排除，剩下的东西哪怕再不可思议，也一定是事情的真相。唯一能解释得通的原因就是，这里的化归方法出了大问题：不能简单地把“有限”的方法平移到“无限”的情形中。最直接的证据就是 $2T = 1-1+1-1+1-1+\cdots$，如果给右边加上括号，第一次这样加：

$$2T = (1-1)+(1-1)+(1-1)+\cdots$$

得到 $T=0$。第二次这样加：

$$2T = 1-(1-1)-(1-1)-\cdots$$

得到 $T = \frac{1}{2}$。但是按照之前的推导，结果是 $T = \frac{1}{4}$。真是不靠谱，没个准数。

这个结论已经超过了我们熟知的数学范畴：一个看似求和的式子，居然能求出不同的结果。所以，最后出现“自然数的和是一个负数”的结论，想来也不是什么奇怪的事情。

那么，是化归没用了吗？答案显然是否定的。出现这样的问题，非但不能说明化归无用，反而恰恰说明化归的用处实在是太大了。在把未知的问题转化成已知的问题后，我们所得到的结果超出了自己的认知，此时只有一种可能：这里有我们尚未理解的数学。你不能因为产品质量有问题就直接归因工艺有问题，因为还有一种可能。在保证工艺没问题的情况下，如果还是得到了不合格的产品，那我们应该能想到，是原材料“掉链子”了。

古希腊人在数学上取得的成就是无可争议的，本章不妨就以阿基米德的故事结尾吧。他是古希腊智慧的杰出代表之一，这一点大家应该不会有什么异议。事实上，一般人在掌握了一定的数学知识（比如粗通微积分）后，再回头看阿基米德在两千年前取得的数学成就时，大约都会觉得自己和他相比，不过是一只猴子。换句话说，能理解阿基米德工作的伟大之处，可以视为一个人初步具有数学思维的标志。

关于阿基米德的传说有很多。比如，叙拉古[①]王定做了一顶纯金的王冠，却怀疑工匠偷了一部分金子，掺入了其他金属，以次充好。叙拉古王要求阿基米德在不弄坏王冠的前提下验证自己的猜测。结果，阿基米德在洗澡时顿悟了浮力和物体排开水的体积之间的关系，成功帮叙拉古王解了惑。

阿基米德曾说过一句话，堪称吹牛的“天花板”：“给我一个支点，我能撬动地球。”传说，他借这个理论发明了一种投石车，来保卫叙拉古，抵挡罗马军队的攻击。他还利用抛物面镜的聚焦性质，把阳光的能量聚焦在罗马军队的船只上，烧毁了战船。这些故事对于很多人来说都已经耳熟能详了，此处不再多展开。我们还是来说说他的化归思想吧。

① 阿基米德是叙拉古（也称锡拉库萨）人，所以世人也称他叙拉古的阿基米德（Archimedes of Syracuse）。古希腊时期的叙拉古位于今天意大利西西里岛。

“几何”一词在希腊语中的原意就是“丈量土地”。显然，古人早就掌握了直线图形，如正方形、长方形、三角形等图形面积的求法。但是，曲线图形的面积通常只能采用近似法，哪怕是最简单的曲线图形——圆的面积公式，也并不容易得到。

天才的阿基米德，利用现代微积分中的极限思想证明了圆的面积与其周长之间的精确关系。我作为一个受过严格训练的数学工作者，实在无法想象在两千多年前，一位古人能有这样的智慧。

据说早在阿基米德之前，雅典有一位叫安提芬（Antiphon）的数学家提出，圆的面积等于一个特殊三角形的面积，其中该三角形的高等于圆的半径，底为圆的周长。他探索圆面积的方法被称为穷竭法，这是安提芬在研究“化圆为方”问题时的意外收获。

“化圆为方”问题，是指给定一个圆，然后找到一个正方形和它的面积相等——这是古希腊的三大尺规作图难题之一。安提芬的想法是，既然从圆到方那么难，那么能不能用其他直线型的图形来代替圆，再把直线型图形转化成正方形——毕竟“化方为方”比“化圆为方”看起来要容易得多。

如今看来，安提芬的想法看来是很自然的：用内接正多边形来逼近圆，其中正多边形的中心和圆心重合，这样可以把正多边形分成很多个小的等腰三角形。可以看到，每个小三角形的面积比其对应的小扇形面积小一点点，而随着分割越来越细，近似的程度会越来越高。我们把所有小三角形面积加起来，就可以看成圆的面积，而这些小三角形的底边长度之和大约就是圆的周长，而它们的高是圆的半径，所以圆的面积应该就是其周长和半径乘积的一半（图 1.1）。

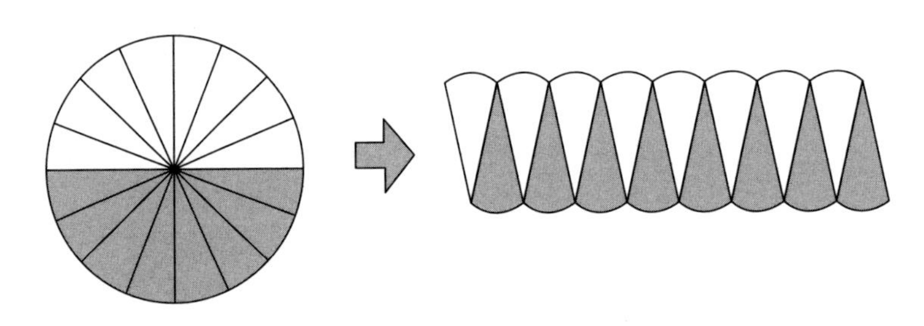

图 1.1

这是非常朴素的极限思想，毫无疑问这也是化归的思想。

但是，这个过程毕竟不太令人放心，毕竟内接正多边形的边数就算再多，其面积看起来也总是比圆要小上那么一点点，那凭什么说，正多边形的边数越来越多，最后它的面积一定等于圆面积呢？

于是，阿基米德出场了。伟大的阿基米德完善了穷竭法。他在处理这个问题的时候，充分运用了极限和化归的思想，把圆近似成一个两条直角边分别为其半径和周长的直角三角形。如图 1.2 所示，将圆划分成若干个等宽的同心环；然后，把这些环抻直，将其近似成矩形，矩形的长就是环的长度，宽就是环的宽；最后，我们把所有矩形一边的宽对齐，再按照长的长度大小，依次紧密排好，就得到了图 1.2 中近似直角三角形的图形。

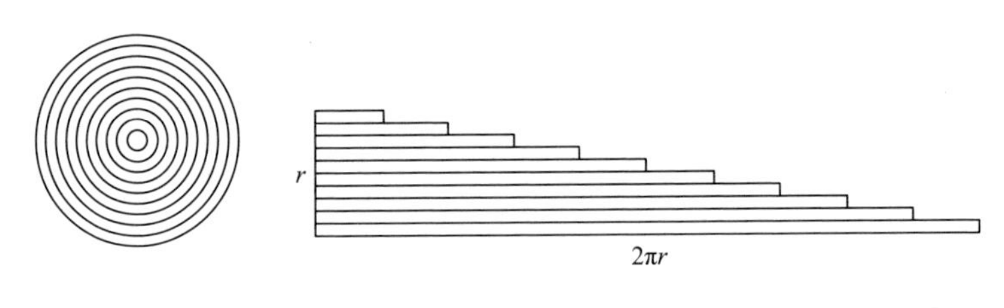


图 1.2

于是，这个近似直角三角形的一条直角边等于圆的半径，另一条直角边等于圆的周长，那么圆的面积既不能大于这个直角三角形的面积，也不能小于这个直角三角形的面积，圆和直角三角形这两个面积只能相等。如果记圆和直角三角形的面积为 $S$，圆的半径为 $r$，周长为 $l\left(l=2\pi r\right)$，则 $S=\frac{1}{2}rl$。

过于细节的内容我不打算展开，对这个问题感兴趣的读者可以参考阿基米德的原著《圆的测量》。阿基米德把改进版的穷竭法广泛地应用于求解曲面面积和旋转体体积，得到了一系列的结果。比如，在圆的例子里，求面积在技术上很难操作，但图形（圆）本身很容易理解。接下来，我再介绍一个图形本身略显复杂，但在求面积的技术上却很简单的例子。

抛物线，也是我们比较熟悉的曲线了。在抛物线上任意取不同的两点相连，可以得到一个弓形，我们称之为抛物线弓形。虽然它长得比圆丑，而且看起来性质不如圆那么好，但它的面积却比圆面积更容易求一些。为什么？

在圆面积的推导过程中，我们不难发现，求圆面积的化归方法，本质上是“化圆为方”。因此，我们求任意曲线图形的面积，一定也要化曲为方。现在，抛物线弓形的一部分已经是直线图形了，接下来的重点一定是想办法把那段抛物线变成直线。

直接变肯定是困难的，而且抛物线弓形和圆最大的区别在于，它缺少对称性。对于圆来说，我们很容易在其中等分出若干全等三角形（图 1.3）。如果取抛物线弓形的弦的中点，像在圆中那样构造全等三角形，这是做不到的，怎么办？

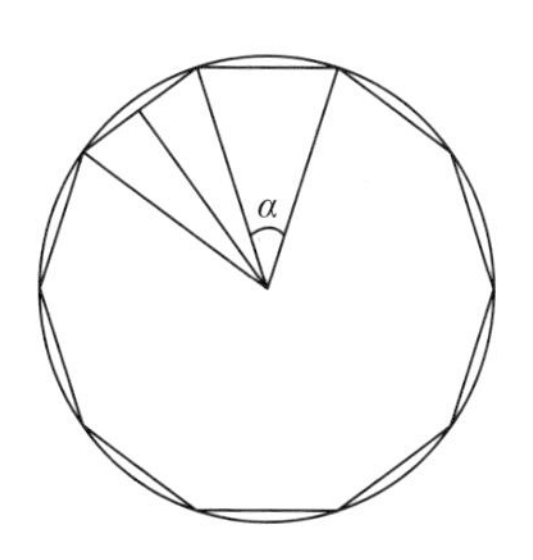


图 1.3

阿基米德的办法是——倒着来。我们注意到，弦已经是现成的线段了，这是圆所不具备的优势，于是，不妨把这条弦作为逼近抛物线弓形的三角形的一条边，然后，在抛物线上挑选除了弦端点以外的某一点，与这条弦的两个端点相连，这样就得到了一个弓形的内接三角形 $QPQ'$（图 1.4）。

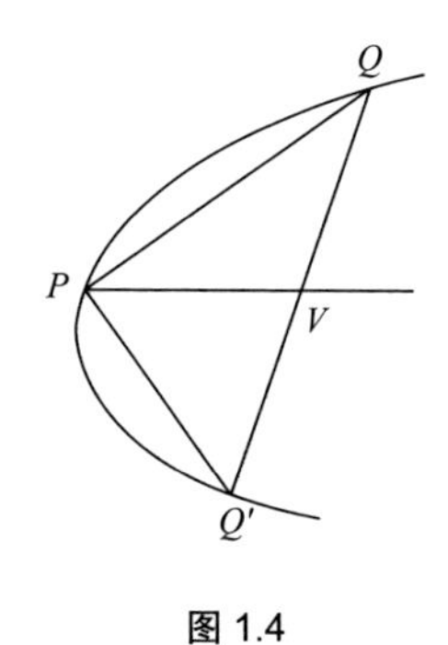


图 1.4

用$\triangle QPQ'$新得到的两条边重复上述过程，我们又可以得到两个小三角形$\triangle QPP_1'$和$\triangle Q'PP_1'$……不断重复这个操作，就得到一系列的三角形（图 1.5）。而且，这些三角形的面积之和是无限趋近于抛物线弓形的面积的。

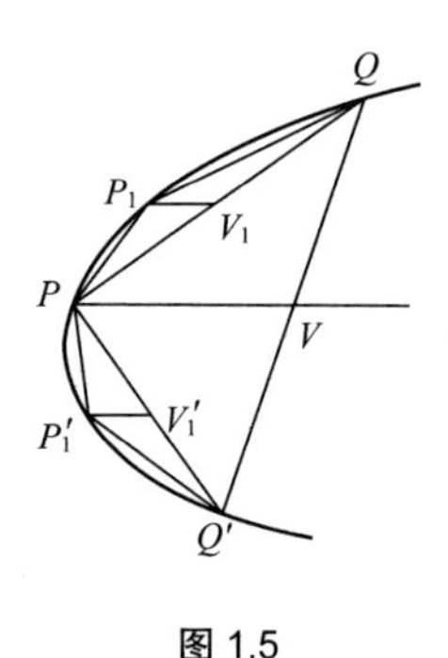


图 1.5

当然，第一次被挑选出的抛物线上的点需要具备一定的性质，而且每次得到的小三角形也不是任意取得的，目的是方便计算。最后，阿基米德通过娴熟的平面几何技巧，让所有的三角形面积恰好能构成一个等比数列，再利用等比数列求和并取极限，最终得到了抛物线弓形的面积。

一位普通的大学一年级学生如果掌握了定积分这件工具，大概在一分钟之内，就能轻松解决这个问题。但是放在两千多年前的古希腊，有人能解决类似问题，实在是了不起的成就。化归成为数学思想之根本，不是浪得虚名，它强大的力量让人类的智慧完成了时空穿越——是的，在没有现代数学符号体系的年代里，人们仅依靠化归就完成了特殊的曲线图形的面积计算，这难道不值得我们心生敬意吗？

致敬化归。

难倒你们……
不做，不做！
有奖证明
1+1=2
$x^n+y^n=z^n$
重大突破
数学
强化练习

# 第 2 章
# 猜想与反例

你知道有位叫爱因斯坦的物理学家吗？这个人好像还是挺有名的，不少人知道他。爱因斯坦最著名的研究成果之一就是相对论。据说，他当年创立了广义相对论，激怒了一众纳粹分子，于是他们出了一本臭名昭著的书——《100 人证明爱因斯坦是错的》①。爱因斯坦听说以后，讲了这么一句话："如果我错了，只要一个人证明就足够了，何须 100 人呢？"

虽然坊间流传着很多关于爱因斯坦数学不好的传说，但是咱们可千万别当真。爱因斯坦的数学"不好"，只是相对于顶级的数学家而言。比如，我就曾经在陈省身先生的报告中听到他笑着说，爱因斯坦的数学很一般——注意，说这话的人可是 20 世纪最伟大的几何学家之一。

然而，爱因斯坦那句举重若轻的回答，彰显了数学中非常重要的思想——反例。而反例的核心就是，如果你想要说明一件事是错的，那只要找到一个例子就够了。比如，你现在要是能找到一个大于 2 的偶数，它不能被拆成两个质数的和，那么恭喜你，你的名字将永载数学史册了。

反例往往和猜想紧密联系在一起。在人类的数学发展史中，"猜"一直是一项非常重要的技能。而对于我国大众来说，最熟悉的数学猜想之一恐怕就是"哥德巴赫猜想"，这还要归功于徐迟先生在 20 世纪 70 年代所写的那篇报告文学名作《哥德巴赫猜想》。

---

① 原书名是 *Hundert Autoren gegen Einstein*，其实就是凑了 100 个作者而已。

这个猜想的内容很简单：任何一个大于 2 的偶数都可以拆成两个质数的和。

1742 年，德国数学家哥德巴赫（Christian Goldbach）在给近代数学大师莱昂哈德·欧拉（Leonhard Euler）的信中提出了一个猜想：任一大于 2 的整数都可写成 3 个质数之和。虽然猜想是哥德巴赫提出的，但他自己却无法证明。于是，他只好写信请教欧拉。遗憾的是，强悍如欧拉，也是一直都没能证明出来。

你肯定注意到了，哥德巴赫在信中提出的猜想和我刚才所陈述的版本有所不同。事实上，我的版本是经过欧拉改良的。到目前为止，在证明这个猜想的伟大工程中，最好的进展是我国著名数学家陈景润在 1966 年证明了“任一充分大的偶数都可以表示成一个质数与不超过两个质数乘积的和”。

现在，数学界都觉得这个猜想应该是对的，可就是无法证明！无论从正面进攻给出证明，还是寻找一个反例，那可都是核弹级别的研究成果。

可能有人要说了：“您这一上来就讲一个两百多年都没证明出来的猜想，太打击人了。能不能说几个已经被搞定的猜想，让我们长长信心呢?”别急，还真有。接下来的故事和一个叫费马的人有关。

皮埃尔·德·费马（Pierre de Fermat），法国律师和业余数学家——是的，他的主业是律师，和另一位“全才”莱布尼茨（Gottfried Leibniz，也是我本人的“祖师爷”，微积分的发明者之一）的职业一样。后世称费马是“业余数学家之王”，那是因为费马实在是太厉害了，成就超过了很多“职业数学家”，所以大家称他为“唯一的”……嗯，数学家们夸人的方式还真是有点与众不同呢。

费马在数论中的贡献实在太大，而衡量他贡献大小的重要标准之一，就是他在数论中搞了很多经典的猜想，首先出场的是难度比较小的“费马质数”猜想。

费马猜测，形如 $2^{2^n}+1$（$n$ 为自然数）的整数都是质数。事实上，当 $n=0, 1, 2, 3, 4$ 的时候，这个猜想的确都是对的，但是，当 $n=5$ 的时候它就不对了。那为什么费马这么机智的人却没发现呢？因为这个数增长得实在太快了。

当 $n=4$ 时，$2^{2^4}+1=65\ 537$，很容易验证这是一个质数；而当 $n=5$ 时，$2^{2^5}+1=4\ 294\ 967\ 297$。费马是一个“懒人”（理由在本书后面会提到），所以他可能觉得，直接猜结果肯定是一个质数，多省事。事实上，这不是一个质数：

$$2^{2^5}+1=4\ 294\ 967\ 297=641\times 6\ 700\ 417$$

这是由“神一样”的欧拉找到的第一个反例。于是，“费马质数”猜想马上就被宣告是错的了。你以为这事完了？并没有。后来有好事者发现，当 $n\geqslant 5$ 的时候，目前为止能算出来的 $2^{2^n}+1$ 竟然都不是一个质数！换句话说，现在，“费马质数”猜想变成了：当 $n\geqslant 5$ 时，$2^{2^n}+1$ 都不是质数。而且直到我这本书出版的今天，还没有人能像欧拉一样找到一个反例说明这个新猜想是错的——更别提证明它是对的了。

其实，如果没有接下来要介绍的“费马猜想”，费马单凭这些“小”成果也足以在数学史上留名，但由于他提出了费马猜想，因此情况就完全不同了：他也晋升到“神一样”的数学家的行列。

1637 年，费马在阅读丢番图的名著《算术》时，在讲述勾股定理的那一页的空白处写下了每个数学人都会背的传世经典，同时，他也造就了人类历史上最传奇的“一页空白”：

但是，一个立方数不能拆成两个立方数，一个四次方数不能拆成两个四次方数。一般来说，除平方外，任何次幂不能分拆成两个同次幂。我发现了一个真正奇妙的证明，但书上的空白太小，我写不下。

如果说摆谱也要讲究“段位”，那么我给费马打满分。首先，费马提出了数论史上能排进前三的猜想；其次，他老人家说，他自己就会证明；第三，他就不是告诉大家他是咋证的——见过皮的，没见过这么皮的。

因为费马这段话说得过于斩钉截铁，所以这给了人们很多“瞎”（是的，确实不是“遐”）想的空间。甚至，在美国纽约地铁站一面著名的涂鸦墙上都有这么一句向费马猜想致敬的话：

$x^n+y^n=z^n$没有非零整数解。

我发现了一个真正奇妙的证明，但我现在没有时间写出来，因为地铁来了。

要是某些人说自己“发现了一个真正奇妙的证明”——比如我——那大家可能都会哈哈大笑。然而，要是说这话的人是费马，那就不一样了，毕竟他曾经用首创的无穷下降法证明了 $n=4$ 的情况，大家都认为，他确实有可能完成了这个证明。

那么这个完整的证明在哪里呢？费马的孩子在他去世后整理了他所有的手稿，都没有发现这个证明。但是，费马留下的这句话实在给人很大的想象空间：“书上的空白太小，我写不下。”这句话说明，整个证明应该是几页纸就能打发的事情。于是，无数的数学家和数学爱好者就被费马坑惨了。他们坚信费马在数学上的造诣。而且，一旦使用的草稿纸数量超过三页，人们就开始不自信，刚写了五页纸，大概就会另起炉灶——费马再聪明，也不可能在脑海里打上十七八页的草稿吧？所以，许多人就被限定在费马的“一页空白”里无法自拔，一个个戴着手铐、脚镣在立锥之地上踮起脚尖跳舞。

在被费马折磨了将近两百年之后，大多数数学家达成了共识：费马欺骗了大家，他应该是搞错了，人类不可能用已有的数学知识在几页草稿纸内就把这个问题解决。

费马猜想作为目前耗时最长的已被证明的数学猜想，我们能讲的故事实在太多了。首先还是要提一下欧拉。作为历史上最高产的数学家，欧拉值得讲的故事也很多，但这里主要还是讲一讲他和费马之间那些不得不说的事儿。欧拉对于费马在数学上的成就是相当认可且痴迷的，他一口气干掉了除费马猜想以外的费马提出的所有数学猜想。但对费马猜想，欧拉只在 1770 年证明了 $n=3$ 的情形——是的，你没看错，欧拉这样的强者也只证明了 $n=3$ 的情形。

如果你感叹这也太难了，那么下一步可能更出乎你的预料：$n=5$ 的情形是在此后半个世纪，由法国数学家勒让德（Legendre）和德国数学家狄利克雷（Dirichlet）各自独立证明的。当时，勒让德 70 多岁，狄利克雷才 20 岁——是的，才 20 岁，狄利克雷就在费马猜想的证明道路上永远留下了自己的名字。

在费马猜想的研究过程中，有很多特别的人物值得一讲。首先是法国女数学家玛丽 - 索菲・热尔曼（Marie-Sophie Germain）。很多时候，人们对女性颇有偏见，认为她们不适合从事数学、物理等基础学科的研究工作。事实上，历史上如热尔曼、阿马莉・埃米・诺特（Amalie Emmy Noether）和玛丽亚姆・米尔札哈尼（Maryam Mirzakhani，第一位女性菲尔兹奖得主）等杰出的女数学家早就证明了，在数学领域，女性并没有矮人一头。

热尔曼年轻的时候就痴迷于数学的学习，她的数学知识都是自学的——没错，自学的。热尔曼自学了微积分和数论，大量阅读了牛顿和欧拉的著作。她父母一看：这还了得，这孩子不是魔怔了吗？姑娘家家的，学这些干什么？于是，家里人就没收了她的蜡烛、厚衣服和取暖的东西——防火、防盗、防数学。但是没招儿，热尔曼真的就像着了魔一样，疯狂地学习。后来，她的父母觉得实在管不了，只能同意她继续学数学了。

当然，自学数学这种事情在到达一定阶段以后还是需要高人指点的。18、19世纪的法国曾是世界的数学中心，那里最不缺的就是数学高人，而且法国人在数学上的“红利”一直吃到了今天。于是，热尔曼想办法冒用了一个男生的名义混入巴黎综合工科学校。这是一所旨在培养优秀的科学家和数学家的大学，但当年只招收男生。要知道，这世界从不缺“差生”，刚好有个男生估计是扛不住学业压力，跑路了。而那时候的学校也没有今天先进的教务管理系统，热尔曼就利用了管理上的疏忽，冒充这个男生去学习了。

结果在两个月的时间里，任课的数学老师发现，原来的差生怎么成绩一日千里，甚至都可以用“才华横溢”来形容他了？这位数学老师的名字叫拉格朗日（Lagrange）——就是那个搞出微分中值定理的拉格朗日。他约见了这个“男生”，热尔曼不得不现身。应该说，热尔曼这一去是万般无奈——不去吧，身份早晚还要暴露，惹恼老师，十死无生；去吧，毕竟这所学校只收男生，但万一老师网开一面，九死一生。热尔曼怀着忐忑的心情去找了拉格朗日老师，拉老师当然也震惊了：啥，居然是个女生？

好在拉格朗日为人十分开明，摒弃了对性别的偏见。他成了热尔曼的导师和朋友，这让热尔曼的数学水平更是突飞猛进。

拉格朗日本人就是大数论学家，因此热尔曼很容易就接触到了数论研究。那时，费马猜想毫无疑问是数论中的热点问题，热尔曼就一心扑了上去。当时只有欧拉和费马证明了 $n=3, 4$ 的情形，而热尔曼在这个问题上得到了相当一般的结果：设 $p$ 为奇质数，如果 $2p+1$ 也是质数，则方程 $x^n+y^n=z^n$ 没有正整数解（$x, y, z$），使得 $xyz$ 不能被 $p$ 整除。而后，勒让德在热尔曼的基础上做出了出色的工作。

讲到这里，在上述列举的做过贡献的数学家里，你觉不觉得好像少了一个人？少了谁呢？大名鼎鼎的高斯（Gauss）啊！事实上，“数学王子”高斯在费马猜想上做出了罕见的误判。

1816 年，巴黎科学院以 3000 法郎的高额奖金和金质奖章悬赏征集费马猜想的证明。当年的 3000 法郎是一个什么概念呢？按照购买力换算，1816 年的 1 法郎大约相当于今天的 116 元人民币。要知道，19 世纪巴黎普通公务员的平均年薪也不过是 1500 法郎左右，而法国瓦兹省的无地农民月收入仅为 3 法郎不到。虽然数学家当年低估了证明费马猜想的难度，最初提出的奖金额和猜想“终结者”最后拿到的奖金额相比，也逊色了不少，但在当时，这绝对算是重奖了。

只不过，高斯在知道这个事情后的反应非常冷淡。他在给朋友的信里写道：“费马猜想作为一个孤立的命题，我对它几乎没有什么兴趣，因为我可以很容易地写下许多这样的命题，人们既不能证明它们，又不能推翻它们。”

来来来，您老倒是再写出一个让大家看看，不用多，一个就好……其实，费马猜想并不是一个孤立的命题，它极大地推动了椭圆曲线理论的发展，在数学史上有极为重要的意义——这虽然是“马后炮”，但从这点来说，高斯确实出现了误判。当然，谁也不可能永远正确，失误其实很正常。但是，高斯作为一个彻头彻尾的完美主义者，他很多天才的想法都烂在了肚子里，而发表出来的，都是经过深思熟虑的结果。然而，如果有谁宣称自己证明了什么，他经常会冒出来丢下一句：“啊，这个我已经做过了……那个我已经证明了……以草稿或通信记录为证……”这就非常讨人厌了。

我个人瞎猜啊，高斯应该是研究过费马猜想的，但最后发现搞不定，所以干脆说自己不感兴趣。毕竟，高斯作为“数学王子”还是有偶像包袱的。不过事情的真相到底是怎么样的，也就只有高斯自己知道了。

有一个无关数学的插曲也值得讲一讲。20 世纪初，有一个德国年轻人名叫保罗·沃尔夫斯克尔（Paul Wolfskehl），一次失恋让他痛苦难堪，继而对人生心灰意冷，决意要离开这个世界。小沃其实也不是“凡人”，他就连自杀这件事都搞了一个具体的实施计划：用什么方式，在什么地方，具体的日期，等等。大限将至，小沃处理完所有事情，一看时间，还没到规定的时间点儿，觉得干等着实在无聊。为了消磨时间，他就随手翻阅了办公室里的杂志，然后看到了一篇有关证明费马猜想的论文。看着看着，他突然发现论文中有一处明显的错误，于是就在草稿纸上进行了推演。等彻底推翻了这篇论文的错误内容后，他发现天已大亮，选定的时机已然错过了。结果，小沃做了一个违背“初衷”的决定——不死了。他从此全心投入工作。到了 1908 年，沃尔夫斯克尔把 10 万马克（当时约值 160 万美元）捐赠给德国的哥廷根大学，悬赏费马猜想的证明。他还给了一个 100 年的期限，结果“才”过了 80 多年，这笔奖金就被人领走了。

奖金被谁领走了？我们待会儿再讲，现在先回到故事的主线上。

1839 年，法国数学家加布里埃尔·拉梅（Gabriel Lamé）证明了 $n=7$ 的情形，而到了 1847 年，拉梅宣布他完全证明了费马猜想。拉梅应该是费马猜想证明历史中第一个说出“我的证明过程中还有一点儿小问题，但很容易就能解决”这句话的知名数学家。只不过，他最后还是失败了。说出这句话的第二位数学家就是最后的赢家——他成功解决了“小”问题，我们后面会提到这位英雄的名字。拉梅曾在法国科学院的会议上侃侃而谈，说这都是时间问题，而且还客气地表示，他的证明里有相当一部分想法是他的同行约瑟夫·刘维尔（Joseph Liouville）告诉他的。

在这时，刘维尔暴露了自己情商不太高的一面，他直接就说出了实情：首先，我和你没那么熟；其次，这个方法不是我原创的，是欧拉首创的；另外，你的证明也不对，根本不可能修补当中的漏洞。刘维尔对拉梅应该没有什么深仇大恨，但在这次公开拆台之后，他又补上了一刀：他公开了德国数学家恩斯特·库默尔（Ernst Kummer）的信，宣告拉梅的方法是彻底行不通的。

库默尔觉得行不通，那就行不通啊？没错。库默尔人狠话不多，直接指出当 $n=23$ 时，拉梅的方法就被“爆”了。所以，我们在这里重申：数学上想说明什么方法、证明是不对的，只要一个反例就够了，至于后面还有没有其他反例，已经不那么重要了。

库默尔对费马猜想的证明做出了巨大贡献，这些贡献的细节远远超过了外行人的理解能力，所以，这里就不多描述了。但是，如果你以后和别人谈论费马猜想的时候，能够说出“库默尔”这个名字，而对方恰好又是懂行的人，那人家绝对会认为你还挺厉害的。

在库默尔之后，费马猜想的证明历程就陷入了停滞，这一停就停了一百多年。黎明前的黑暗总是特别黑。正当大家都觉得，还得再等上一百年才有可能解决问题的时候，曙光悄然而至。时间来到 20 世纪 80 年代，人们对费马猜想的热情又高涨了起来。如果说 19 世纪对费马猜想的研究是代数和数论的结合，那么 20 世纪的方法就是几何和数论的结合。

我们把 $x^n+y^n=z^n$ 改写一下，变成

$$(\frac{x}{z})^n+(\frac{y}{z})^n=1$$

由于其中的 $x, y, z$ 都是非零整数，因此，费马猜想就可以看成：求证方程 $X^n+Y^n=1$ 没有非零有理数解。

这样做的最大好处就是使得方程减少了一个未知数，解的范围也从整数变成了有理数。很显然，当 $n=2$ 时，这条曲线所对应的图形就是一个圆；当 $n\geqslant 3$ 时，这一猜想等价于曲线只有和坐标轴的交点为有理点（即 $X, Y$ 都是有理数），而曲线上的其他点都是无理点。

从几何的观点看，可以把所有的曲线分成三类：分别为亏格[①]是 0、1 和不小于 2 的曲线。其中亏格为 0 的曲线被称为有理曲线。数学家们发现，有理曲线要么有无穷多个有理点，要么没有有理点。

而亏格为 1 的曲线的典型代表是 $y^2=x^3+ax+b$，其中 $a, b$ 均为整数，并且 $x^3+ax+b=0$ 在复数域上没有重根。这种曲线可能有无穷多个有理点，也可能只有有限多个有理点。这里的椭圆曲线和我们在解析几何中学到的椭圆是两回事儿。数学家之所以把这类曲线叫作椭圆曲线，是因为在历史上，计算椭圆某段弧长时推动了对形如 $y^2=x^3+ax+b$ 的函数的研究。椭圆曲线上的有理点理论已经成了数论中的一个重要分支，称为椭圆曲线的算术理论，而这正是解决费马猜想的钥匙。

---

① 亏格的定义是：设 $Y$ 是 $P^n$ 中的 $r$ 维簇，其 Hilbert 多项式为 $P_r$，则称 $p_a(Y)=(-1)^r\times(P_r(0)-1)$ 为 $Y$ 的算术亏格。我一直犹豫要不要再写一下 $P^n$、簇和 Hilbert 多项式等概念的定义，但本书的空白页不够。在写给大众的科普书里给出严格的定义，确实很难。感兴趣的读者，可以自己深入了解。

其余的情形是亏格不小于 2 的曲线。1922 年，英国数学家莫德尔（Mordell）提出了一个惊人的猜测：每条亏格大于等于 2 的曲线上的有理点只有有限多个。当时，人们对于这类曲线的研究甚少，甚至都没有什么例子来支持这个猜想。很多人对这个结论表示怀疑，但依然有不少数学家支持这个猜想，美国和苏联顶级的代数几何学家在这个猜想上做了大量的工作。1983 年，德国青年数学家格尔德・法尔廷斯（Gerd Faltings）证明了莫德尔猜想。3 年后，他凭借这项工作获得了数学的最高荣誉菲尔兹奖。

我们把法尔廷斯的结果直接用在费马猜想上。由于费马猜想的方程用了换元法后变成 $X^n+Y^n=1$，亏格为 $\frac{(n-1)(n-2)}{2}$，因此这条曲线上有理点至多只有有限多个。这可是将费马猜想的证明向前推进了一大步！虽然法尔廷斯没有彻底解决费马猜想，也没有给出新的满足条件的 $n$ 值，但是这一结果仍然意义重大。

数学里有一些很奇怪的衡量标准。比如说，“无穷多”这个概念对于普通人来说就是“数不完”的意思，自然数的个数就是数不完的，无穷多的。但对于数学家来说，“无穷多”也是分等级的，不可数的无穷比可数的无穷的等级要高。比如，实数的个数是不可数的（无法一一列举），而自然数的个数是可数的，有理数的个数也是可数的（自然数和有理数再多，也可以一一列举）。所以，有理数集和自然数集都是无穷可数集，也可以说，从数学的角度来看，有理数的个数和自然数的个数是一样的。但实数的无穷多就比这两种数的无穷多的级别高。

而从无穷多到有限多，这就是另一个飞越了。不管一个数有多大，一千、一万、一亿、一万亿……只要你能数得出来，它就是有限的。一些数只要是有限的，那无论它们的个数分别是多少，它们的个数都差不多。就好比五菱宏光和劳斯莱斯，在数学家眼里，那都叫“车”。

不可数的无穷和可数的无穷之间的区别，就像“没车没房”和“只有一个螺母、一块砖”之间的区别；而无穷和有限之间的区别，却像“没车”和“有车”之间的区别——有限多就是“有车”，至于有的是什么车，我就不管了。而费马猜想的要求是：我不光要有车，还得要一辆劳斯莱斯。

法尔廷斯的工作就是把费马猜想的研究从“赤贫”状态一脚踹到了“有车”的地步，至于怎么买劳斯莱斯的问题，那就留给其他数学家吧！

最终解决了“怎么买劳斯莱斯”问题的，是一个叫模形式的玩意儿，由于解释模形式用到的数学知识对于大多数人来说过于深奥（是的，其实是贼老师又一次不懂了），我也不细讲了。有意思的是，虽然模形式在日后证明费马猜想中发挥了巨大作用，但在相当长的一段时间内，人们根本没有意识到它和费马猜想之间的联系。

1960 年，两位英国数学家贝赫和斯维纳通 - 戴尔提出了 BSD 猜想（以他们名字 Birch 和 Swinnerton-Dyer 的首字母命名）。这个猜想很难，到现在也没有被证出来。目前的进展是，至少有 2/3 的椭圆曲线满足 BSD 猜想。值得一提的是，中国青年数学家张伟在这个问题上也做出过很大的贡献。而第一个在这个问题上做出重大贡献的是英国数论学家科茨和他的学生——这个学生就是日后证明了费马猜想的那位“大神”。

这是买劳斯莱斯需要的“第一笔钱”。

“第二笔钱”来自日本。早在 20 世纪 50 年代，日本数学家谷山丰和志村五郎就提出了“谷山 - 志村猜想”。这个猜想主要讲了椭圆曲线和模形式之间的联系。后来法国数学家韦伊也提出了类似的猜想。从几何角度来看，所有椭圆曲线都可以由模曲线来参量化。

谷山 - 志村猜想的意义重大，英国剑桥大学的数论学家约翰 · 科茨

（John Coates）认为，这一猜想使得数学家们开始认真看待所有椭圆曲线方程是否可以模形式化的问题，但是，这个猜想太难证明了。美国哈佛大学的巴里·马祖尔（Barry Mazur）教授是模形式和椭圆曲线领域的顶级专家，他对谷山 - 志村猜想也很推崇。他认为，这是一个领先时代的猜想，这个猜想在模形式和椭圆曲线之间建立了一座桥梁。令人惋惜的是，谷山丰在 1958 年结婚前夕自杀了，而志村五郎也在 2019 年因病去世——不过他已经比谷山丰幸运太多，他毕竟见证了费马猜想最终被解决。

买劳斯莱斯的“最后一笔钱”来自德国。1985 年，一群数论学家在德国小城上沃尔法赫开会，讨论椭圆曲线方面的最新结果。来自德国的格哈德·弗雷（Gerhard Frey）写出了一个特殊的椭圆曲线的表达式，他发现这条椭圆曲线不能被模形式化，但这条椭圆曲线可以由费马方程的整数解生成。这相当于说，谷山 - 志村猜想对这条椭圆曲线是不成立的，而不成立的前提是费马猜想是错的。因此从逻辑上说，想证明费马猜想是对的，只需证明谷山 - 志村猜想是对的，就可以了。

费马猜想——谷山 - 志村猜想——模形式——椭圆曲线，在这一刻，它们终于被联系到了一起。虽然弗雷的推导有欠缺，但一个方法只要和费马猜想沾上边就等于掌握了“流量密码”。散会后，专家们纷纷开始研究起了弗雷的工作。

美国加州大学伯克利分校的肯尼思·里贝特（Kenneth Ribet）教授也是听众之一，他回国以后开始思考为什么弗雷曲线不能模形式化。但是，他认为自己也没得出什么像样的结果。1986 年，马祖尔访问伯克利的时候和里贝特聊起了各自最近的研究兴趣。里贝特向马祖尔吐槽说，自己只是证明了非常特殊的情形，但不知道怎么推广到一般的情形。马祖尔想了一想，觉得这实在不可思议：“好家伙，你已经整完了啊，只要加点模结构不就行了？”里贝特仅仅用了两个小时就完成了证明。由于当年的世界数学家大会正好在伯克利召开，这一消息传得可比闪电都快。

所有的准备工作终于就绪了。

霹雳一声震天响，来了“大神”怀尔斯——这是注定为了解决费马猜想而生的男人。他手握来自英国、日本、德国和美国的“巨款”，来提货那辆劳斯莱斯了。

1953 年，安德鲁·怀尔斯（Andrew Wiles）出生于英国剑桥，他在 10 岁的时候就对数学非常着迷。一次偶然的机会，他在当地的图书馆看到了一本介绍费马猜想的书。如同一门意大利炮改变了第二战区的走势，从而影响了“二战”胜负的天平一样——这本书影响了怀尔斯，成功地给他年幼的心灵种了草，让他从此立志要做那个证明费马猜想的人。与我们大多数人在小时候“想当科学家”的理想最大的不同在于，怀尔斯真的做到了。

多年之后，怀尔斯在顶级数学期刊《数学年刊》（*Annals of Mathematics*）上发表他证明费马猜想论文的时候，他仍然对这段过往念念不忘，甚至把他童年这段心路历程写进了论文的摘要，这在数学论文中是很罕见的操作。于是，这篇传世之作就连摘要都那样“拉风”，那样鲜明，那样出众：

当安德鲁·怀尔斯是一个十岁孩子的时候，他读到了贝尔关于费马猜想的文章，被深深地吸引，从此立志要做第一个证明费马猜想的人。

像这样有诗意的摘要我还是第一次见。一般来说，数学论文的摘要都是这样写的：本文讨论了啥啥啥问题，是用了啥啥啥方法做出来的……不会有太多废话。我要是敢在投稿的时候也写这样的开头，相信我的稿子直接就被“毙掉”了。

怀尔斯的成长之路就是一个标准的顶级数学家的成长之路：21 岁从牛津大学莫顿学院毕业；27 岁在剑桥大学克莱尔学院获得博士学位（是的，27 岁就博士毕业了），他的导师是著名数论专家约翰·科茨；他之后在哈佛大学担任助理教授，又到普林斯顿大学做了研究员，第二年开始担任普林斯顿大学教授。

名校博士、名师指点、名校工作，这几乎成了现代知名数学家成长的标配。当然，这一切都源自他超人的天赋和不懈的努力。怀尔斯迅速获得博士学位，是因为他和老师科茨教授在 BSD 猜想上取得了突破性成果；在哈佛大学担任助理教授时，他和同校的马祖尔合作证明了有理数域上的岩泽主猜想。事实上，凭借在这两个猜想上的贡献，怀尔斯已经可以妥妥地获得全世界任何一所大学数学系的教授职位了。只不过，和他此后的费马猜想证明相比，这些成绩都被世人忽略了。

在怀尔斯动手证明费马猜想之前，他已经是世界上模形式、分圆域理论和椭圆曲线方面最优秀的专家之一。所以，当他得知从谷山 - 志村猜想可以推出费马猜想的证明后，顿时感觉这是上天的指引：冥冥之中，自己今天的所学竟然能与儿时的梦想联系在一起，是否能赢取明日的荣光，在此一搏！

怀尔斯彻底下了狠心。从此之后，他就放弃了一切和费马猜想无关的工作，几乎不参加任何学术会议。一颗冉冉升起的数学之星就这样从公众的视线里消失了。这其实是一个艰难的决定。毕竟，费马猜想是一个黑洞，那么多伟大的数学家都以失败而告终，为什么上天偏偏会眷顾我？就算不再从事数学研究，我也已经是多少人眼中的人生赢家了，何苦呢？到底是走阳关大道，还是走崎岖山路？怀尔斯坚定地选择了后者。

数学发展到今天，已经很难靠一个人“单干”做出重大成果了，因为这背后需要用到的数学工具会很复杂。因此，数学界组织各种讨论班、学术会议，就是为了加强数学家之间的交流，互通技术上的有无，促使他们碰撞出灵感的火花。对几何学家来说难以理解的事情，或许对代数学家来说是显而易见的。然而，怀尔斯拒绝了这种常见的研究方式，选择完全独立和保密地进行研究。狮子，从来都是独行的，只有面对自己的猎物时才会亮出利爪。

在此后长达七年的时间里，他一直守口如瓶，对恩师也只字不提。科茨回忆起这段往事的时候也是哭笑不得。他曾表示，谷山－志村猜想和费马猜想之间的关联虽然已经很明确了，但想证明谷山－志村猜想简直就是天方夜谭。怀尔斯听了，只是对恩师笑笑，不置可否。唯一知道怀尔斯在干什么的是一个圈外人——他的妻子。

在这段努力的时间里，怀尔斯完全沉浸其中，从早上睁开眼睛就开始考虑，就连睡梦中都不放过思考，唯一的放松方式就是偶尔涂鸦几笔。1988 年，一则消息打破了怀尔斯的平静：日本数学家宫岗洋一在德国的马克斯－普朗克研究所宣布自己证明了费马猜想。自 1983 年法尔廷斯证明了“莫德尔猜想”之后，人们意识到了几何和数论之间的联系，越来越多的几何学家把目光聚集到了这个方向上。宫岗在演讲中宣布，他证明了微分几何中的一个不等式，并且从这个不等式中可以直接推出费马猜想。很快，数学家们就开始验证宫岗的证明，结果几天之内就发现了其中的漏洞。又过了几天，法尔廷斯更是直接指出了证明中错误的地方。

一大堆数学家试图去修补这些漏洞，但很快发现，要想修补这些错误可能比证明费马猜想更难。这就像在中国著名的科幻小说《三体》中所畅想的，你要造出光速飞船就能躲避二向箔，但造出光速飞船的前提不是书中所说的利用曲率驱动，而是要掌握 10 倍光速的飞船的制造技术……

二十多年后，宫岗的后辈，日本数学家望月新一也称自己证明了 ABC

猜想，后来被包括舒尔茨在内的诸多数学家指出证明有问题。但是，和自己的前辈宫岗挨打、认错的态度不同，望月新一坚持自己的证明是对的，还把论文在自己担当主编的期刊上发表了——真的是，你开心就好。之所以想到这段，是因为如果 ABC 猜想被证明了，那么费马猜想可以作为其直接推论而得到——权当费马猜想这片汪洋大海中的一朵浪花吧。

德国这边有人一惊一乍倒还不要紧，美国那边的怀尔斯却吓得不轻——自己闷头搞了两年，结果被别人先摘了桃？好在，只是虚惊一场。虽然总体研究没什么进展，不过大家仍然在一条起跑线上。就这样又过了三年，怀尔斯去波士顿参加了一个椭圆曲线的高水平会议，科茨告诉他，有个学生叫马瑟斯·弗拉赫（Matheus Flach），他正在用科利瓦金（Kolyvagin）的方法研究椭圆曲线。怀尔斯听闻如获至宝，花了几个月时间去学习这些方法。这回，他又一次感到胜利向自己招手了。

到了 1993 年 1 月，怀尔斯确信这个方法可以用来解决谷山 - 志村猜想了。然而，他也已经使出了洪荒之力，毕竟他对弗拉赫和科利瓦金的方法不是那么熟悉——他练的不是本门的童子功，有很多代数难点需要学习。所以他需要找个帮手，这就是他的同事尼古拉·卡茨（Nicholas Katz）。

他之所以选择卡茨，不仅因为此人水平高，而且更关键是，卡茨嘴巴严。当卡茨听说怀尔斯在做的事情之后，整个人就像被电击了一样，他也瞬间理解了为什么在过去的七年时间里，这位优秀的同事几乎没什么像样的研究成果。能够有机会参与改写历史的研究，是任何数学家都无法拒绝的诱惑，卡茨欣然同意了怀尔斯的请求。

然而，又一个难题来了：究竟该以什么形式讨论，才不会引起别人注意呢？要知道，虽然怀尔斯已经处于隐修状态，但卡茨的交际是很广泛的。数学家们在见面时，一般来说问候语都是“你最近在做什么问题？”在这种情况下，卡茨说也不是，不说也不是。所以，他们二人就商定，由怀尔斯开一门叫“椭圆曲线的计算”的研究生课程，来掩人耳目。当然，卡茨也假模假式地和几个研究生一起旁听。然后，怀尔斯开讲就是“绝杀”——没有什么基础知识，也没有基本概念，开牌就是王炸。几个研究生听得云里雾里。两个礼拜过后，听课的就只剩下卡茨一个人了。就这样，两个人一起工作了几个月之后，1993 年 5 月的一个早晨，等妻子和孩子出门了，怀尔斯坐在书桌旁思考着心心念念的费马猜想，随手翻开了马祖尔的一篇论文，有句话引起了他的注意。它提到 19 世纪的一个构造，怀尔斯意识到这种结构可以使得证明费马猜想最后的难点用科利瓦金 - 弗拉赫的方法彻底解决。他马上动笔，在晚饭前终于完成了费马猜想的证明。

我无法想象怀尔斯当时的心情，但是，我想这很可能像电影《肖申克的救赎》中，主角安迪在帮助每位狱友赢得了三瓶冰啤酒之后，静静地坐在朝阳的霞光中，觉得在那一瞬间自己是自由的那种愉悦。

富贵不还乡，如锦衣夜行。1993 年 6 月，在英国剑桥大学恰好召开一场会议。剑桥恰好是怀尔斯的故乡，剑桥大学是他拿到博士学位的地方，没有比这儿更适合作为宣布这一结果的地方了。一个人若能取得这种成就，就没什么可低调的。如果是我证明了费马猜想，估计我能在自己额头上写上“费马猜想是我证明的”这几个大字，我家门口也要挂块匾，上书“证明费马猜想的那个家伙住在这里”。

这次会议的组织者就是怀尔斯的导师科茨教授。全世界最优秀的数论学家陆续到来，这时候，关于怀尔斯证明了费马猜想的小道消息已经不胫而走。在怀尔斯开始他的演讲之前，科茨忍不住问自己的这位得意门生到底证明了什么，要不要请一些记者过来，怀尔斯拒绝了。

怀尔斯的演讲实在太长，所以分成三次进行，题目是“模形式、椭圆曲线和伽罗瓦表示”。在第一次演讲之后，怀尔斯的学生卡尔·鲁宾（Karl Rubin）给未能参会的同行发去了电子邮件：“各位，安德鲁今天做了他的第一次报告。他没有宣布对谷山－志村猜想的证明，但是很显然，他就在干这件事。还有两次报告，关于最后的结果他仍然高度保密。”

到了第二天，听众增加了许多。怀尔斯讲了一些细节，内行一看就知道——“怀尔斯之心昭然若揭”，这要不是奔着证明谷山－志村猜想就有鬼了。但究竟是完全证明，或是证明了一些特殊情况，或是证明了一些弱一点的结果，大家都不知道。

鲁宾在第二天的电子邮件里这样写道：“今天的报告中并没有更多的实质性内容，他讲了关于提升伽罗瓦表示的一般性定理，似乎并不适用于所有的椭圆曲线，但精妙之处将会在明天出现。我真的不知道他为什么要用这种方式来演讲，显然，他知道自己明天要讲什么，这是他十多年来一直从事的规模宏大的工作。他似乎对此很自信。我会告诉你们明天的情况。”

到了第三天，剑桥大学数学系倾巢出动——谁不想见证历史？运气好的人能挤进报告厅，运气不好的人只能在走廊，踮起脚。如果当年有网络直播技术的话，我相信怀尔斯那天一定是数学这条街上最靓的仔。

世界级的数论专家也没什么特权，只能靠谁来得早谁坐到前排。有人还带了照相机用以记录历史。马祖尔说，他从没见过如此辉煌的演讲，充满了如此奇妙的思想，具有如此戏剧性的紧张感，准备得如此之好。怀尔斯本人回忆道：“虽然新闻界已听到风声，很幸运他们没有来听讲。只是，很多人还是带了照相机过来，而研究所所长准备好了一瓶香槟酒。我在讲述证明过程时，整个会场特别庄严、肃静。然后，当我写完费马猜想的证明，并说‘我想我就在这里结束’时，会场上爆发出一阵持久、热烈的掌声。”

在这次会议上做报告的都是数论方向的世界级专家，但是，主角只有怀尔斯和费马。一场跨越了三百年的智慧接力让所有大师黯然失色。

鲁宾第三天的电子邮件的主题就是“宣布普林斯顿大学的怀尔斯教授证明了费马猜想”。一时间，数学界哗然。而且，由于费马猜想本身通俗易懂，这波热度火速出圈，成了全世界瞩目的焦点。

怀尔斯信心满满地把稿件投给了顶级数学期刊《数学新进展》(*Inventiones Mathematicae*)，马祖尔把论文发给了 6 位审稿人进行审查，每人一章——一般来说，数学论文的审稿人是一到两人，可见这篇论文的分量。怀尔斯的同事卡茨分得了其中一章，他每天都要和怀尔斯通过电子邮件讨论那些不清楚的地方。结果到了这一年的 8 月，卡茨发现了一个问题，但怀尔斯认为这不是什么大事，很容易就能修正。可是，卡茨不这么看，他坚持让怀尔斯把那个地方说清楚。

看到这里，你可能会问：这俩人不是同事吗？而且卡茨还给了怀尔斯那么多帮助，这时候这么较真干什么？这就是数学家的职业操守，面对学术问题的时候，一定要“六亲不认”。

令人担心的事情终于发生了：这个漏洞并没有怀尔斯想象中的那么容易修正。怀尔斯瞬间从天堂坠入了地狱。他和卡茨两人对外三缄其口，但是，外界的压力让怀尔斯寝食难安。到了 12 月，怀尔斯不得不用电子邮件对外宣布：“由于外界对我的关于谷山 - 志村猜想和费马猜想的工作情况存在着种种推测，我将对情形做一个简短说明。在检验过程中，虽然确实发现了很多问题且大部分都已经解决，但有一个特别的问题我还没有解决。不过我相信在不远的将来，我能够用在剑桥演讲中的方法去解决。”

话虽然这样说，可怀尔斯压根儿没有一点儿底气。他在和自己为数不多的朋友交流时表示，自己已经陷入绝境了——这要是真错了，并且没法修正的话，就实在太丢人了，毕竟已经在全世界人民面前“吹了牛”，这要是“爆”了可真收不了场。

在朋友的建议下，怀尔斯找了自己曾经的学生，也是他的论文审稿人之一——剑桥大学的理查德·泰勒（Richard Taylor）来一起工作，但并没有什么进展。到了 1994 年，怀尔斯已经被这个漏洞折磨到没脾气了，他对泰勒说，再努力下去也没什么希望了。泰勒建议他再坚持一个月，毕竟已经努力了八年了；而且，以怀尔斯今时今日的地位，就算以后不做研究，只给本科生们讲讲微积分，也有大学愿意养着他。既然能保证衣食无忧，那就再试试吧。

怀尔斯也想明白了，虽然自己没有证明费马猜想，但是他发展了一整套关于椭圆曲线的新理论，这也足够奠定他"一代宗师"的地位了——由于在费马猜想上的杰出工作，怀尔斯尽管没有完成证明，但仍被邀请参加了当年在苏黎世召开的世界数学家大会，并做了一小时报告。在世界数学家大会上做一小时报告，那是数学界非常高的荣誉。这是由组委会特别邀请，由做出重大贡献的数学家介绍重要研究方向上的最重要的成就的机会，代表了近期数学的最重大成果与进展——虽然和"费马猜想证明人"这个荣誉不能相提并论，也已经是绝大多数职业数学家一生无法企及的成就。说句"虽败犹荣"，真是一点儿都不为过。

然而，"幸运女神"终究没有抛弃他。在 1994 年 9 月 19 日的早上，距离他决定"弃坑"不到两周的时间，怀尔斯又一次开始审视科利瓦金 - 弗拉赫方法。他原本已经不再想如何利用这些方法来证明费马猜想，只是想弄明白，为什么这些方法证明不了费马猜想。突然间，他有了一个难以置信的发现。他发现自己证明的"岩泽主猜想"和科利瓦金 - 弗拉赫方法完美互补，并能让整个证明更加简洁优雅。

费马！费马！费马！岩泽理论立功了，科利瓦金 - 弗拉赫方法也立功了，不要再给其他数学家任何机会！怀尔斯继承了那些在费马猜想的证明历程中做出过巨大贡献的数学家们的光荣传统，费马、欧拉、库默尔在这一刻灵魂附体，在这一刻，他不是一个人在战斗，他不是一个人！

怀尔斯在回忆起这个美妙的时刻时，总是激动不已。他无法理解为什么自己没有早发现它，足足有二十分钟，他都不敢相信。为了平复激动的心情，他跑到系里转了一圈，又回到了桌旁再次核验——千真万确，这次不会有错了！第二天早晨他又核对了一次，就彻底放心了。

1994 年 10 月的一天，怀尔斯的学生鲁宾怀着激动的心，用颤抖的手向数学界发出了邮件，宣告了费马猜想被安德鲁・怀尔斯教授证明。

这恐怕是数学史上被审查得最彻底的数学稿件吧？最终，怀尔斯论文发表在了顶级数学期刊《数学年刊》上，这意味着这个猜想得到了数学界的认可。怀尔斯一战封神。费马猜想从此可以被称为“费马大定理”了。

由于费马猜想折磨人类的时间实在太久，在怀尔斯的证明被证实是正确的之后，他获得了无数的荣誉。众所周知，菲尔兹奖的评奖标准是非常严格的。特别是在 1974 年后，国际数学家大会规定，此奖只授予 40 岁以下的优秀青年数学家，生日超过一天都不行。在菲尔兹奖做了这个规定后，唯独在 1998 年柏林的世界数学家大会上为怀尔斯颁了一个“菲尔兹特别贡献奖”，以表彰他在费马猜想上的卓越贡献。

虽然怀尔斯因为超龄而没能摘得菲尔兹奖，但他囊括了瑞士的“奥斯特洛夫斯基奖”、瑞典皇家科学院的“罗夫・肖克奖”、法国的“费马数学研究奖”、著名的“沃尔夫奖”、美国数学学会“科尔代数奖・数论奖”、2005 年度邵逸夫数学科学奖等众多荣誉。当然，他在 1997 年也拿到了沃尔夫斯科尔在 1908 年为费马猜想的证明设置的 10 万马克奖金——此时距离小沃设奖仅仅 89 年。在 2016 年，当怀尔斯获得数学界的至高荣誉之一“阿贝尔奖”时，评委会给他的评价是:“怀尔斯独辟蹊径，通过证明半稳定椭圆曲线是模曲线，给出了‘费马最后定理’[①] 的精妙证明，并开辟了数论的新纪元。”他当之无愧。

现在，怀尔斯回到了自己数学人生起步的地方——英国剑桥大学。我经常在脑海中浮现出这样一幅画面：在学校的一间办公室内，他坐在躺椅上，静静地朝着一棵苹果树的方向望去，若有所思。安德鲁·怀尔斯——给费马猜想画上句号的人，他的名字将永留史册。

人类智慧的光芒在费马猜想上闪耀，但似乎也在提醒着世人：费马，你真是个大骗子！你看，费马猜想推动了一个全新数学领域的发展，费马本人当时写下这个猜想时或许想不到，竟然会有这样的后续故事。所以，在很多时候，解决猜想的过程中发展出的理论可能比猜想本身要重要得多。

数学中有意思的猜想还有很多，比如“孪生质数猜想”。这个猜想由希尔伯特在 1900 年国际数学家大会的报告上作为第 8 个问题正式提出，可以这样描述：存在无穷多个质数 $p$，使得 $p+2$ 是质数。在很长一段时间里，数学家们对此可以说是束手无策。直到 2013 年，数学家张益唐证明了一个弱化的形式，即差值在 7000 万以内的孪生质数对是无限的。这一步跨越也是惊人的，数学家们用张益唐的方法迅速把这个差值缩小到了 300 以内，虽然距离最终解决还有很远的距离，但是毕竟看到了希望。

还有“考拉兹猜想”：任给一正整数，若为偶数，除以 2；若为奇数，乘以 3 加 1，得一新自然数。重复上述过程多次后，其结果为 1。菲尔兹奖得主陶哲轩对这个问题很感兴趣，只不过到目前为止，他还是没能彻底解决这个问题。

当然，孪生质数猜想也好，考拉兹猜想也罢，我们只要找到一个反例就

① “费马大定理”也称“费马最后定理”。

足够推翻它们并在数学史上留下自己的名字了。

有人会问了:“贼老师，为什么你讲的这些猜想都是数论里的?”那是因为其他方向大猜想的描述，你也许每个字都能看懂，但压根不明白它在说什么。比如，复几何中著名的“卡拉比猜想”是这样说的：设 $M$ 为紧致的凯勒流形，那么对其第一陈类中的任何一个 (1, 1)（形式 $R$），都存在唯一的一个凯勒度量，其 Ricci 形式恰好是 $R$。这个猜想被华人数学家丘成桐先生所证明，他也因此获得了 1982 年的菲尔兹奖，成为第一位获得该奖的华人。有意思的是，丘成桐一开始认为“卡拉比猜想”是错误的。他在几年的时间里不断尝试构造反例，结果每次都功亏一篑。然后，他意识到这个猜想很可能是对的，最终又花了两年多的时间证明了它。

也许又有人会问:“可是，我就是一个普通人，根本不可能搞出你说的这种大猜想啊?”我不禁想反问一句：谁说猜想就一定要搞“大”猜想呢？谁说证明猜想就一定要有突破、有创新呢?

数学发展到今天，在初等数学领域已经不太可能捡到漏了。但是，作为一种极佳的锻炼思维的方式，“猜想”的门槛其实并不高。你也不用担心自己“猜”出来的结果没有创新性，因为这根本不是问题，结果只有两种：你猜出来的东西要么是错的，要么就已经被前人“猜”出来了。所以，大家不要有什么包袱。别人猜出来是别人的事情，你在不知道这些结果的前提下独立地猜出结论，这本身就是很不容易的事情。

猜想的难度其实远远小于证明的难度，它所需的只是一点点的数学基础和胆量，而证明往往需要很深厚的数学功底。

比如，我很喜欢的一款数学游戏叫“24 点”，大家拿出一副扑克牌就能玩。作为初级玩家，可以把 J、Q、K 拿掉，这样更方便计算。当然，你也可以把 J、Q、K 统一当作 10。等到玩得熟练以后，你就可以把 J、Q、K 分别当作 11、12、13 来玩。

在游戏的过程中，有时候会碰到这种情况：不管玩家怎么绞尽脑汁，抽出的 4 个数之间无论如何添加加、减、乘、除这四种运算符号，就是算不出 24 来。

这种情况有两种可能：一是玩家水平不够；二是抽出的 4 个数确实算不出 24 来的情况。比如，对于经典的算 24 难题 (5, 5, 5, 1)，(3, 3, 8, 8)，(3, 3, 7, 7) 等，在没有任何提示的情况下，很少有人能一次性找出答案。我们往往需要被告知“这些情况确实能算出来”（这是很有用的提示），然后经过漫长的“倒腾”才能解决问题：$5\times(5-1\div5)$，$8\div(3-8\div3)$，$7\times(3+3\div7)$。

于是，我们可以合理地猜测：是不是随便拿 4 个 1 ～ 13 的正整数出来（可以重复），经过加、减、乘、除以后，总能得到 24？如果遇到算不出来的情况，会不会只是因为玩家自己水平不够?

如果你的想法上升到了这个地步，那么这已经算是一种猜想了，接下来就要验证猜想是对还是错。当然，你如果简单认定，每次都是第二种情况——自己是一只“游戏菜鸟”，只要做不出来，就是自己的问题，而不是数的问题——那就没什么可进一步努力思考的了。所以，不要随便贬低自己的能力啊。

假设你不是那么容易认输，不妨试试构造反例。当然，很多时候，构造反例要靠灵光一闪，但也并不都是无迹可寻。大家都说，数学学得好的人逻辑思维好，那大多是长期训练的结果，并非一定是天生的——是数学学习的过程训练了我们的逻辑思维。

找反例尽量不要像无头苍蝇一样乱撞，而是尝试从最简单的情况入手。在这个例子中，较简单的情况是什么呢？我觉得就是抽中 4 个一样的数。哪

4 个一样的数是最简单的情况呢？我觉得是 4 个 1 的情况。很显然，4 个 1 不管怎么样都不可能算出 24——是的，只要靠肉眼判断就行了。此时，在只能使用加、减、乘、除四则运算的情况下，我们能得到的结果的最大值是 4。所以，确实存在算不出来的情况——只要一个反例就够了。

再如，我们在学习全等三角形的时候注意到，三边对应相等的两个三角形全等；两角一边对应相等的两个三角形全等；两边夹一角对应相等的两个三角形也全等。其实，这时很容易会有一个猜测：如此一来，两边和一角（非两边夹角）对应相等的两个三角形是全等三角形吗？也就是说，SSA 是否成立？

任意一本平面几何的教科书都会提到这个问题，也会举出对应的反例。但是，如果你在没有看到书上对应的内容时，就独立地、主动地猜想，这就比完全被动接受结论要好得多。如果你能把反例也顺便构造出来，那锻炼的意义就更大了。

如图 2.1 所示，在$\triangle ACD$和$\triangle ACB$中，$AC$是公共边，$\angle C$是公共角，$AB=AD$，符合 SSA 的条件，但显然，这两个三角形不全等，因此 SSA 不能作为两个三角形全等的判别标准。

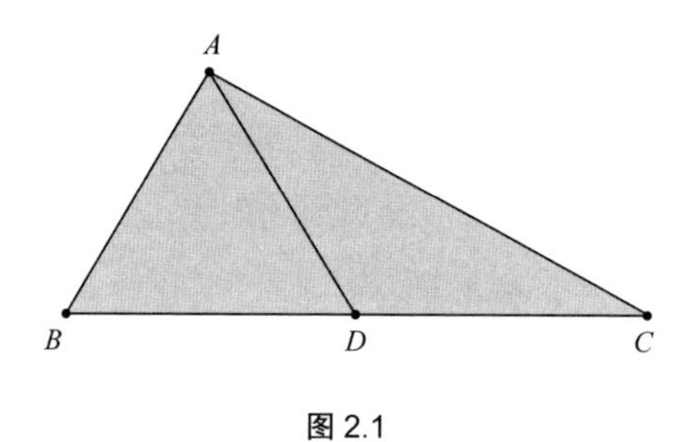


图 2.1

以上两个例子充分说明了，很多时候不是缺少猜想，而是我们缺少对猜想的发现。很多人在听到“数学思想”这四个字的时候往往觉得，这是可望而不可及的，甚至有一种畏惧心理，实则大可不必。

猜测无所谓荒谬，只要猜了，数学世界的大门就被你撬开了一条缝；反例无所谓简单，只要有章法，刚才撬开的那条缝又会变大一点儿。

总之，不猜想，无数学——连猜都不敢，还敢干点儿啥？

数学家
物理学家
占星家
赌徒
诈骗犯
名师巧解
一元三次方程
……
8月7日
3月15日
12月24日
1月20日
4月1日
7月13日

# 第 3 章
# 概率

我们先在一张白纸上画一些等宽的平行线，然后拿起一根火柴棍，让它从空中落下，做自由落体运动并随机落在白纸上，那么，如果我告诉你，根据火柴棍掉落的总次数，以及火柴棍和平行线相交的次数，就能算得圆周率的近似值，你信吗？

数学的奇妙之处就在于，一些看起来毫无关联的事情之间居然有着不可思议的联系，比如上述这个例子。

初学数学的人经常会思考这样一个问题："我们学的数学到底有什么用？"是啊，毕竟在三四十年前，你要是算得快，还能在陪爹娘买菜的时候一展身手，和那些小摊贩一较高下。但现在，人家把菜往电子秤上一扔，菜的斤两和菜价就一并算出来了，你的速算能力毫无用武之地。就算到了中学，应用题的题设大多是"在理想情况下"的，比如"不计材料损耗""不计板材厚度"，修路是想在哪里修就能在哪里修，利用三角函数去估算一些高度时，也都是给出了仰角和间距……没几个人能有实践所学的机会，说这是"纸上谈兵"一点儿也不为过。

所以，学数学到底有什么用呢？除了能用那句"会微积分虽然不能帮你买菜，但可以决定你在哪里买菜"聊以自慰，我们似乎看不到自己在学校里所学的数学有什么太大用处。

事实真是如此吗？

并不是。其实，最早的数学就是从实际生活中抽象出来的。比如，几何就是丈量土地，而代数就是人工计数的“升级版”。而如果要从众多数学分支中挑一个最接近生活的，我想，应该是概率论。

古典概率论创始人之一吉罗拉莫·卡尔达诺（Girolamo Cardano）和其他载入史册的数学家相比，看起来就是另类。他是意大利文艺复兴时期的“全能”学者，头衔有数学家、物理学家、占星家、赌徒和诈骗犯……从这一系列头衔就可以看出他“丰富”的人生经历。

人们在 8 世纪左右找到一元二次方程的求根公式后，就信心满满地开始探索一元三次方程的求根公式，结果这一探索就是八百年。直到 16 世纪，意大利数学家塔塔利亚[①]独立发现了一元三次方程的求根公式。然而，那时候的学者都把知识视为私有财产，绝不肯轻易授人。但卡尔达诺巧舌如簧，骗取了塔塔利亚的信任，终于把一元三次方程的求根公式骗到了手，转头他就公之于众，差点儿把塔塔利亚气出个好歹来。

从法律角度看，根据我国《刑法》规定，诈骗罪是指以非法占有为目的，使用欺骗方法，骗取数额较大的公私财物的行为。一元三次方程求根公式的发现者必然会青史留名，这确实是一笔无可取代的“财富”，所以卡尔达诺是实实在在的诈骗犯。从道德角度看，卡尔达诺是背信弃义的无耻之徒。但是，从数学发展的角度来看，他公开了一元三次方程求根公式，还真是干了一件大好事。在一元三次方程解法的启发下，卡尔达诺的学生洛多维科·费拉里（Lodovico Ferrari）发现了一元四次方程的解法——五次以上的方程就再也没有求根公式了。当然，卡尔达诺本人还是有点儿本事的。他一生写了 200 多部著作，内容涵盖医药、数学、物理、占星、宗教、哲学甚至音乐，足见其学识渊博。别人赌博都是为了赢钱，他居然从中悟出了概率论，你说神奇不神奇？

---

① 原名尼古拉·方塔纳（Nicolo Fontana），“塔塔利亚”是他的昵称，是“结巴”的意思。

和其他大学阶段的数学课程内容略有不同，概率论在生活中的例子真是信手拈来。每次面对新生，我总喜欢玩一个小把戏。通常，班上大约有70名学生，我就断言，在他们中间必然有两人是同一天生日。然后，我让女生们先报自己的生日，等女生们报完了，我就会问一句："男同学们都记住了吧？"这往往伴随着一阵开心的笑声，接着我再让男生报自己的生日。根本用不着全报完，有时候甚至只报了十几个男生的生日，就能"匹配"出生日相同的两人。同学们惊讶不已。

任何一件事情只要违反了直觉，人们就会觉得有意思，这往往就是思考的起点。

你甚至都不需要知道什么"抽屉原理"，就能轻松想到：至少要有367人，才能保证有两人的生日相同，但是，为什么仅70人就能产生相同的"戏剧效果"呢？

注意，这里在措辞上有细微差别：367人的情形是保证有两人生日相同，但是70人的情形是"保证"不了这一点的——如果有人故意挑70个生日不同的人放在一个班里，那贼老师就尴尬了；但如果有367人，不管别人怎么故意使坏，都无法阻止贼老师找到两个生日相同的人。

于是问题来了，贼老师在高校工作那么多年，这套把戏玩了那么多次，为什么从未失手过呢？——"处心积虑"做手脚，显然不是数学老师的做派，那这里面到底有什么秘密？而且，"故意使坏"要到什么程度，才能让贼老师的把戏落空？

方便起见，我们不妨设现在全班共有70人，首先随便挑出一人，接着从剩下的69人中再挑出一人，这人和第一个人不是同一天生日的可能性是多少呢？是$\dfrac{365}{366}$。

重复这一操作，使得每一次挑出的人都和前面被挑出的人生日不相同，以此类推，那么这 70 人的生日互不相同的可能性是多少呢？是

$$\frac{365}{366}\times\frac{364}{366}\times\cdots\times\frac{297}{366}$$

上面考虑的是“没有两人是同一天生日”的概率，因为直接计算至少有两人同一天生日这件事太烦琐了（读者不妨自己思考一下该如何计算），所以，我们考虑它的反面。于是，至少有两人是同一天生日的概率为

$$1-\frac{365}{366}\times\frac{364}{366}\times\cdots\times\frac{297}{366}$$

计算结果是多少呢？我不知道。不过，如果把 70 人改成 64 人，那么这个结果是 0.997，即 64 人中至少有两人是同一天生日的概率为 99.7%——这和“必然会发生”几乎没什么区别。

因此，概率论告诉我们另一个很重要的结论：如果可能性很小的事情发生了，那么这件事情背后很可能有鬼，也就是人们常说的“事出反常必有妖”——俗语有时也是有理论依据的噢。

在上述分析过程中，我们其实默认了每个人出生在一年当中的某一天的可能性是相同的——很显然，2 月 29 日这一天和其他日子的概率是不同的，但我们直接忽略了这个误差。与之类似的情形还有，在抛硬币出现正、反面的可能性，以及投骰子时出现 1 ~ 6 中某个点数的可能性。

数学家雅各布·伯努利（Jakob Bernoulli）认为，如果我们无法判断哪一种结果会比另一种结果更容易出现，那么就认为每种结果有相同的可能性。拉普拉斯（Laplace）在这个思想上更进一步，他认为未知的概率都是等概率。以这种思想为指导的概率论称为古典概率论，19 世纪的数学家们在这

个指导思想下发展出了一系列的定义和定理。

事实上，掌握一些古典概率论的知识，对于处理生活中的一些事情帮助非常大。比如，美国曾经有这样一档综艺节目：你面前有三扇完全相同的门，其中一扇门后面是一辆崭新的跑车，而在另外两扇门的后面，则各有一只羊。主持人会让你选择其中一扇门，当你选完了以后，他会打开另外两扇中的某一扇门，露出一只羊。

接下来就是最激动人心的时刻：他会问你要不要换一扇门。此时，你该如何选择？

根据直觉，剩下的两扇门后面有跑车的概率各为 50%。一动不如一静，坚决不换！恰好，此时你的耳边响起了贼老师的声音：在数学上，越反直觉的事情才越靠谱！所以你的答案当然应该是“换”。当门缓缓打开以后，你会发现，啊！要么是一辆跑车，要么——还是一只羊。

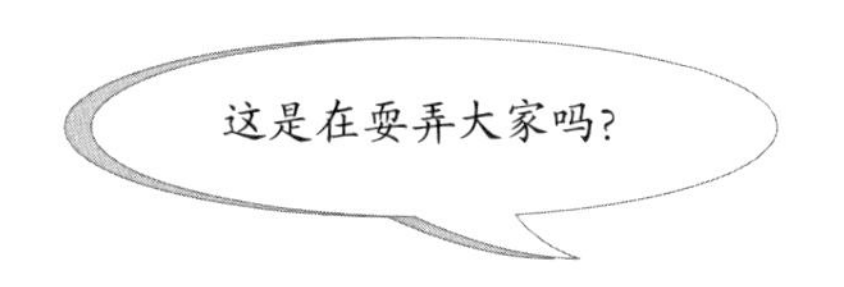


并不是。虽然我并不能保证你换了以后一定能得到跑车，但是这个策略能真真切切帮你提高赢得跑车的概率——换了选择之后，你赢得跑车的概率将是不换时的 2 倍。

曾经有人用计算机模拟了上万次选择以后的结果，得到换门后赢得跑车的概率为 $\frac{2}{3}$ ，而不换门赢得跑车的概率仅为 $\frac{1}{3}$ 。那么，我们该如何通过理论计算得到这个结果呢？

如果不换，此时选中跑车的概率和一开始相比，其实并没有任何的增加，仍然是 $\frac{1}{3}$ 。如果你觉得这很难理解，不妨想象一下，在选择其中一扇门之后直接把三扇门都打开一遍且不换门，你会发现概率其实也没有任何的变化，因为当你选定一扇门后，概率已经是确定的了。

而如果更换了门，那么不妨把羊编号：羊 1 和羊 2。此时会有三种可能：一是原来选中了羊 1，结果换成了跑车；二是原来选中了羊 2，结果换成了跑车；三是选择了跑车，结果换成了羊 1 或羊 2。而选手选羊 1 和羊 2 的概率各为 $\frac{1}{3}$ ，所以，换了门之后选中跑车的概率为 $\frac{2}{3}$ 。

不好理解吗？那我们换个说法。假设张三和李四同时玩这个游戏，张三只能选 1 个门，他选中跑车的概率是 $\frac{1}{3}$ ；李四选剩下的两扇门，他选的两扇门中有一扇门后面是车的概率是 $\frac{2}{3}$ 。现在，主持人从李四选的两扇门中排除一扇没有车的门，按最开始的分析，李四选的两扇门中剩下的那扇门后是车的概率仍然是 $\frac{2}{3}$ 吧？那你说，张三要不要和李四换一换？学好概率论，跑车开回家，真不是开玩笑。

无论是数学，还是更广泛意义上的科学，在其发展的初期，一定会涌现大量的结论。但是，通常也会因为理论不够完备，出现很多有意思的问题，概率论也不例外。

1889 年，法国数学家约瑟夫·贝特朗（Joseph Bertrand）提出了著名的贝特朗奇论（也叫贝特朗悖论）。这个问题的描述非常简单：单位圆周上任取两点构成一条弦，弦长大于 $\sqrt{3}$ 的概率是多少？

## 解法一

如图 3.1 所示，我们先固定弦的一个端点 $A$，这样，问题就变成在圆周上找一个符合条件的点 $B$。以 $A$ 为顶点作等边 $\triangle AMN$，显然，当 $B$ 落在劣弧 $MN$ 上时，弦 $AB$ 的长度是大于 $\sqrt{3}$ 的，所以所求概率为 $\frac{1}{3}$。

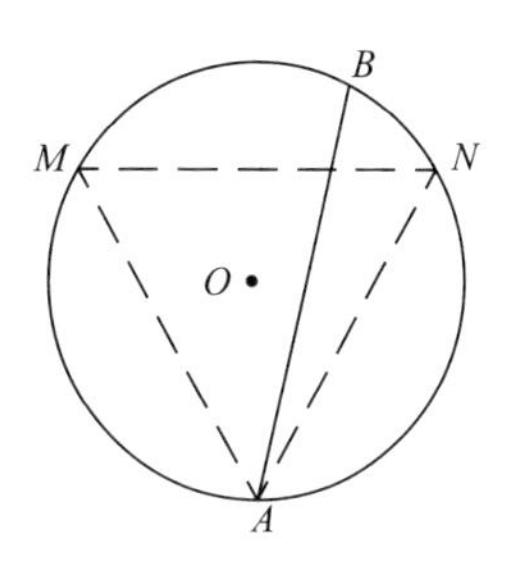


图 3.1

## 解法二

如图 3.2 所示，我们只考虑与直径 $MN$ 垂直的弦。根据平面几何知识，并经过简单的计算，我们知道只有当弦心距小于 $\frac{1}{2}$ 时，弦 $AB$ 的长度是大于 $\sqrt{3}$ 的，所以所求概率为 $\frac{1}{2}$。

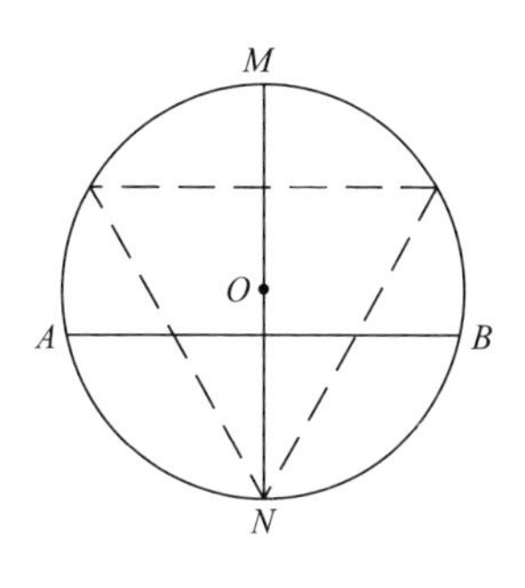


图 3.2

## 解法三

我们考虑弦 $AB$ 的中点位置。当且仅当该中点落入图 3.3 中阴影部分（半径为 $\frac{1}{2}$，并且和单位圆为同心圆）时，弦 $AB$ 的弦长是大于 $\sqrt{3}$ 的，所以所求概率为 $\frac{1}{4}$。

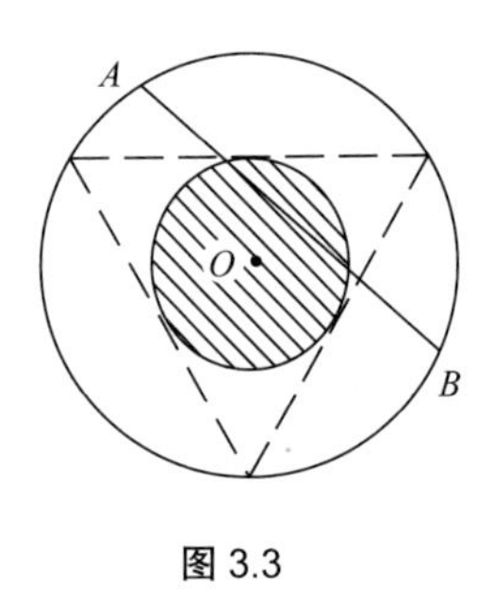


图 3.3

在这三种解法里，哪一种错了？

经过反复检查、甄别，你会发现这三种解法都是对的……现在知道“奇”在哪儿了吧？我们从小到大遇到的数学题，如果不是分类讨论，大多只能有一个答案，但现在却出现三个不同的“正确答案”，这究竟是怎么回事？

所有推导过程都是无懈可击的，而我们在追根溯源后发现，原来，这三种方法对“任取”二字的理解不同：第一种解法的取弦方式是在圆周上取两点构成弦；第二种解法则是选定一条直径，然后选直径上的点为弦的中点；第三种解法则是在圆内任取一点作为弦的中点。这三种方法都是对的——毕竟，我们没有规定“任取”的方式。

这下让人有点儿糊涂了：数学不是很严谨的学科吗？取点的方法是对

的，推导过程也是对的，三个答案却互不相同，究竟是哪里出了问题？

这真是一个好问题！既然在明面上找不到问题，那说明问题只能出在根子上。也就是说，我们讨论到现在的概率论本身有着重大的缺陷，必须加以改造，才能成为真正意义上的“数学”。这个改造的过程就是建立概率论的公理化体系，使概率论有一个严格的数学基础。所以，贝特朗奇论并没有推翻概率论之前的理论，而是把这个新兴的数学分支往前推动了一大步。

我们把在一定条件下可能出现也可能不出现的现象称为“随机现象”，而概率论就是研究随机现象中数量规律的数学分支。随机实验中的每一种可能结果称为一个样本点，由部分样本点组成的实验结果称为随机事件，全体样本点组成的集合称为样本空间。

顺便说一句，用概率论的术语来说，贝特朗奇论这么“奇”，就是由于人们出于对“任取”的不同理解，实施了不同的随机实验，从而有不同的样本点和样本空间，导致了最后计算结果的不同。

当然，概率论作为数学的一个分支也有很“数学”的一面，千万不要被它当下的和蔼可亲的面容所欺骗。比如，接下来的这个问题就充分体现了它的“数学嘴脸”：你觉得，“不可能事件”和“概率为 0 的事件”是一回事儿吗？

什么？不可能事件和概率为 0 的事件不是一回事儿？

相信我，这绝不是脑筋急转弯或文字游戏。先说结论吧：从数学上来说，不可能事件一定是概率为 0 的事件，而概率为 0 的事件不一定是不可能事件。

所谓不可能事件，就是指这个事件是绝对不可能发生的。比如，贼老师获得菲尔兹奖就是不可能事件，毕竟该奖项只颁发给 40 岁以下的优秀青年数学家，而我已经超龄了——当然，不超龄的话也是不可能事件。用年龄当借口，有面子一些嘛。那么，什么是概率为 0 的事件不一定是不可能事件呢？

提问：如果在早上 8:00 到 9:00 之间选一个时刻，你恰好选中 8:30 的概率是多少？很多人的第一反应是 $\frac{1}{60}$，心细一些的朋友可能会觉得是 $\frac{1}{3600}$。事实上，这个概率就是 0。时间是一个连续不断的存在，秒难道是最小的计时单位吗？不，还有毫秒、微秒、纳秒、皮秒、飞秒……就算我们把所有比秒小的单位都用完了，时间依然可以无休止地被分割。

这就像求在一条线段上挑中一个特定的点的概率：这个点是客观存在的，也是有可能被选中的，但是，它被选中的概率为 0。

贼老师收了神通吧。我们还是说说概率论的应用吧，它纯数学的那一面真的太可怕了。

那我们就回到概率论的实用性上，来聊聊蒙特卡罗法吧。在 20 世纪 40 年代，当时在美国洛斯阿拉莫斯国家实验室工作的约翰·冯·诺依曼（John von Neumann）和斯塔尼斯拉夫·乌拉姆（Stanisław Ulam）最早提出了这种方法。蒙特卡罗法并不是一种具体方法，而是一种基于概率和统计的计算方法，其原理是利用随机数（或更常用的伪随机数）来解决很多的计算问题。

我们该如何去理解一种“不具体”的方法呢？比如说，怎么打靶才能更准？瞄准的时候要“三点成一线”，即枪的准星、缺口和目标这三点要在一条直线上，这就是一个具体方法。而如果有人告诉你，打猎的时候要用枪，这就类似蒙特卡罗法：它给出了一个大方向，但没有细节。枪就像随机数（或更常用的伪随机数），至于怎么成功打到猎物，那就要根据风速、猎物的种类、距离、猎手人数等具体情况来定。

为什么这种方法会被发明出来呢？从理论上来说，万物皆可由数学描述，但实际上，我们连风中的一片树叶最终会落在哪里，都无法计算出来。然而，不少数学家相信，这只是由于我们还没有掌握足够强大的数学工具。因此，他们努力去探索各种新的数学方法，以求能解释或预测现实世界中的一些事件。

蒙特卡罗法的出现，就是为了解决部分无法用解析的方法来得到答案的问题。所谓解析法是指，最后的解能用精确的代数表达式来表示的方法，比如，一元二次方程的求根公式就是一种解析法，而五次以上方程没有求根公式，就只能用近似解来表示——当然，只要近似解的精度足够高，我们就可以把近似解当作精确解。对于现实生活提出的大量数学问题来说，近似解已经足够了。

为了说明近似解的重要性，我们不得不聊聊爱迪生这位大发明家。爱迪生有位助手叫阿普顿，毕业于普林斯顿大学数学系——这所名校够分量了吧？爱迪生曾让阿普顿计算一个灯泡的容积，此生一听，心想这也太简单了，不就是求旋转体的体积吗？计算出曲面方程或对应的曲线方程，再利用二重积分或定积分——完事。然后，阿普顿就测量出了大量数据，并开始拟合曲面方程。他吭哧吭哧干到一半，爱迪生就来问结果了。阿普顿说，快了，快了，马上就能把灯泡曲面的函数表达式写出来了。爱迪生一听差点儿昏过去，他说，你就不能拿点儿水银，倒在灯泡里面，然后倒出水银，测一测水银的质量，再根据水银的密度，不就算出灯泡的体积了吗？（有的版本中说用水，事实上，水会残留在灯泡内壁上，产生较大的误差。）

当然，用数据拟合出灯泡的曲面方程本身也是一种近似，所以严格来说，这也不是严格的数学。既然都是近似，显然爱迪生的近似法要高明得多。

其实，在大量实际问题中，能够用严格的数学来描述的问题的比例并不高，而且在大多数情况下，人们更关心的是结果，而不是数学理论。甚至在面对很多问题时，人们尽管勉强建立起了数学模型，但很多参数都是随机的，根本得不到精确解。因此，像蒙特卡罗法这样只需靠数数来解决问题的办法，真是解决现实世界问题的福音。

蒙特卡罗法的设计者最早利用它在电子计算机上计算中子运输问题，后来被用于原子弹的设计制造。到了20世纪50年代初，蒙特卡罗法被正式引入军事领域，其实际应用也全面开花。

任何一种新方法的开创者都是传奇人物，比如蒙特卡罗法的开创者之一、被称为“现代计算机之父”的冯·诺依曼。相信很多人都见过一道题，据说是苏步青爷爷小时候做过的：

甲、乙两人从A、B两地同时出发，相向而行。A、B两地相距100千米，甲每小时走6千米，乙每小时走4千米。一只狗和甲同时从A地出发，速度为10千米/时，当碰到乙后就折返，碰到甲再折返，依此类推，当甲、乙两人相遇时，狗跑了多少千米？

咱们这些正常人的做法通常是，先求出甲、乙两人相遇所用的时间，再乘以狗的速度，自然就能求得狗一共跑的距离：

$$100 \div (6+4) \times 10 = 100\text{（千米）}$$

而当冯·诺依曼的同事拿类似问题考他的时候，他一如既往地秒答了。同事问他，是不是也用了上述这种正常人的做法？冯·诺依曼却用看外星人的眼神看着同事，说，这么简单的问题为什么要用这么复杂的算法？只要把狗每次跑的距离算出来，然后加起来就好了嘛……

蒙特卡罗法的另一位开创者乌拉姆早年研究拓扑学，后来，他因参加了“曼哈顿计划”（也就是美国制造原子弹的秘密项目）转行到了应用数学领域。乌拉姆提出蒙特卡罗法，是为了解决计算数学中的一些问题。

其实，蒙特卡罗法的思想本身早已有之。本章开头提到，曾有人利用一些等距的平行线和一根火柴棍估算出圆周率的值：让火柴棍随机落在纸上，记下火柴棍落下的次数，以及它与平行线相交的次数，就能解决问题。当然，人们最开始用的是绣花针而不是火柴棍，所以这著名的实验被称为“布丰投针实验”，这是蒙特卡罗法最早的运用。

我们可以展开一下这个问题，加入一些细节，使它看起来更像一个数学问题。我们把实验工具换回布丰伯爵（Comte de Buffon）最初采用的绣花针，看看他怎么用这种办法求圆周率的近似值。

假设在平面上画有一组间距为 $a$ 的平行线，将一根长度为 $l(l \leqslant a)$ 的绣花针任意掷在这个平面上，那么针与平行线中任一条相交的概率 $p$ 为多少？布丰通过计算得到这个结果是

$$p = \frac{2l}{\pi a}$$

这里的计算过程需要用到积分，我就略去了，有兴趣的读者可以自行查阅。通过简单的代数变形，得到 $\pi = \frac{2l}{pa}$ 。于是问题来了，$p$ 的值又该如何计算呢？

事实上，人们很早就发现，如果实验的次数足够多，就可以用事件发生的频率来代替概率。比如抛硬币这件事，如果忽略硬币本身的质量分布可能存在细微的不均匀（正、反两面花纹不同），那么抛出正、反两面的概率均为 $\frac{1}{2}$。但这不意味着，你抛 10 次硬币，必然有 5 次正面朝上、5 次反面朝上。事实上，你有可能得到 7 次正面、3 次反面，也可能得到 8 次正面、2 次反面，甚至 10 次都是正面或 10 次都是反面的情形，虽然最后这两种情形很难出现，但仍存在理论上的可能性。

如果把抛硬币的次数增加到 100 次、1000 次、10 000 次，就会发现情况不一样了（表 3.1）。

**表 3.1**

| 实验者 | 抛硬币次数 | 出现正面次数 | 出现正面的频率（保留四位小数） |
|---|---|---|---|
| 布丰（Buffon） | 4040 | 2048 | 0.5069 |
| 德摩根（De Morgan） | 4092 | 2048 | 0.5005 |
| 费勒（Feller） | 10 000 | 4979 | 0.4979 |
| 皮尔逊（Pearson） | 12 000 | 6019 | 0.5016 |
| 皮尔逊 | 24 000 | 12 012 | 0.5005 |
| 罗曼诺夫斯基（Romanovsky） | 80 640 | 39 699 | 0.4923 |

我们发现，出现正面的频率都惊人地接近 0.5，这也是古典概率论认为会出现正面的概率。

表 3.1 中这些“无聊之人”——谁没事抛 8 万多枚硬币？——的实验表明：在相同条件下（硬币质量分布均匀），如果大量重复有多种可能性结果的事件（硬币正面或反面朝上），那么各种可能结果的频率会稳定在某个确定的数值附近（本例中为 $\frac{1}{2}$）。

你或许发现了一件很尴尬的事：聊了这么久，究竟什么是概率呢？事实上，上一段话中的“某个确定的数值”就可以被视为概率的值——在一定条件下，事件发生可能性大小的频率稳定值，称为事件的概率。

换句简单的话来说，当实验的次数足够多，我们就可以用频率来代替概率。而这个“代替”的合理性在概率论中称为大数定律，是可以被严格证明的。

这也要证？这也能证？这该怎么证？

这个证明已经超出了“普通数学爱好者”的能力范畴，如果你有机会攻读数学专业的话，自然会知道了。

所以，我们解决了“布丰投针实验”中概率是多大的问题：只要画一些等距的平行线，然后开始扔针，并记下扔的总次数，以及针和平行线相交的次数，就可以了。

正如刚才讲的，布丰这种方法估算了圆周率的值。世界上永远不缺少“无聊”的数学家，就跟抛硬币一样，也有不少人利用这个办法试着去算圆周率（表 3.2）。

表 3.2（平行线间距 $n$=1）

| 实验者 | 针长 | 投掷次数 | 相交次数 | 圆周率估计值 |
| --- | --- | --- | --- | --- |
| 沃尔夫（Wolf） | 0.8 | 5000 | 2532 | 3.1596 |
| 史密斯（Smith） | 0.6 | 3204 | 1218.5 | 3.1554 |
| 德摩根 | 1 | 600 | 382.5 | 3.137 |
| 福克斯（Fox） | 0.75 | 1030 | 489 | 3.1595 |
| 拉泽里尼（Lazzerini） | 0.83 | 3408 | 1808 | 3.141 592 9 |
| 雷纳（Reina） | 0.54 | 2520 | 859 | 3.1795 |

你也许也发现了，在这两次“无聊”的实验中，一位叫德摩根的先生都上榜了，所以他可能真的很有闲心吧？只是这一次，德摩根不像抛硬币时那么有耐心，他只扔了区区 600 次就停下了。我们可以看到，根据布丰计算的公式，圆周率的值真的被近似出来了。

大家不要看不起 3.1795 这种数值，雷纳只不过扔了 2000 多次，就把圆周率计算到了极低的误差——没有任何技术含量，比起在割圆后再计算正多边形的边长，这种方法可谓清闲到家了。而在这些数据中，拉泽里尼得到的数值 3.141 592 9 是非常惊人的，他只扔了 3000 多次就得到了小数点后六位的正确数值。由于这个结果实在太好了，所以很多人起初选择不相信。

这就是蒙特卡罗法最早的用武之地。虽然当时没人明确地提出相关理论，但这类操作妥妥就是蒙特卡罗法。

当然，用蒙特卡罗法计算圆周率，其实有更好的方法：给出一个正方形，然后作该正方形的内切圆，则圆和正方形的面积之比为 $\frac{\pi}{4}$ 。在这个正

方形内部随机产生 $n$ 个点，分别计算这些点到圆心的距离，以此来判定这些点究竟是在圆外还是在圆内。我们可以把在圆上的点忽略不计，因为在理论上，点恰好出现在圆周上的概率为 0。注意，这不是不可能发生的事情，只是概率为 0——可怕的数学，这居然不是一回事儿。

我们把落在圆内的点的个数记为 $m$，很显然，当 $n$ 越来越大时，$m$ 也必然越来越大，并且 $\frac{m}{n}$ 的比值会越来越趋近于 $\frac{\pi}{4}$，即 $\pi \approx \frac{4m}{n}$。

有人做过实验，当 $n=10\,000$ 时，得到 $\pi \approx 3.1148$；当 $n=100\,000$ 时，得到 $\pi \approx 3.1468$。精度是不是已经不错了？

然而，为什么这么好的办法在早期没有发展起来，一直要等到 20 世纪 40 年代，人们才如火如荼地开展研究呢？在电子计算机出现之前，单靠人力进行随机实验，有点儿“费”数学家。你看亲自动手做“布丰投针实验”的那几个家伙，哪个不是无聊地把扔针这件事重复了成千上万次？面对这么简单的问题尚且如此，对于那些复杂度较高的问题，蒙特卡罗法只能是一种理论上的方法，没有任何实践的意义。

然而在电子计算机出现后，情况发生了翻天覆地的变化。人们不再需要真实地进行重复操作，只要用随机数就可以完成这个过程——哪怕是在电子计算机发明之初（世界上第一台电子计算机每秒仅能运算 5000 次），计算机和蒙特卡罗法一结合，就显示出了巨大作用，更不用提，如今计算机的计算能力远超当年，一台智能手机的计算速度大约是当年“阿波罗”登月计划中导航计算机的 1.2 亿倍。蒙特卡罗法的发展是和电子计算机的发展紧密联系在一起的，它是概率思想与电子计算机技术结合的产物。

这不由得使我想起了荀子的名言：“君子性非异也，善假于物也。”当数学思想结合适当的工具，往往就能创造出不可思议的奇迹。

## 第 4 章
# 递归

有一个印度的古老传说，相传大梵天在创造世界的时候做了三根金刚石柱子，在其中的一根柱子上从下往上按照大小顺序摞着 64 片黄金圆盘。大梵天命令婆罗门，把这 64 片圆盘重新摆放在另一根柱子上，而且提出了几条规则：一是在三根柱子之间，每次只能移动一个圆盘；二是移动后，始终保持小的圆盘必须在大的圆盘上方。

婆罗门觉得这件事应当不难，于是开始尝试。假设婆罗门每次移动一个圆盘只要一秒，而从宇宙初创的时候，婆罗门就开始移动圆盘，那么，如果你有机会能看见大梵天的那三根金刚石柱子，就会发现婆罗门直到今天依然在那里卖力地移动着圆盘呢。

等一下，按照目前流行的理论，宇宙可是已经存在了 100 多亿年了啊！是的，按照婆罗门的速度，他现在应该正在第 58 片和第 59 片圆盘之间倒腾呢。理论上，想完成大梵天的任务，婆罗门需要用 18 446 744 073 709 551 615 秒，换算成年大约是 5845.42 亿年，而太阳系的寿命大概也就几百亿年。所以，等到太阳系没了，婆罗门还得接着倒腾很久很久。总而言之，婆罗门就是吃了数学没学好的亏。

婆罗门为什么需要这么久，才能把这些圆盘按照大梵天的要求归置好呢？还有，这个秒数怎么有点儿眼熟呢？

你能感到这个数有点儿熟悉，那就对了。相信很多人都听过这样一个故事：古印度的舍罕王有个极为聪明的宰相，名叫西萨·班·达依尔。传说，这位宰相利用闲暇时间，积极投身智力游戏的研发工作。经过长期的思考、调整，他发明了一个流传至今的游戏——国际象棋。

当宰相把这款游戏进献给舍罕王时，舍罕王一下就上瘾了。他欣喜若狂，问宰相想要什么奖赏。宰相对国王说："陛下，请您在这张棋盘的第 1 个小格里放一粒麦子，在第 2 个小格里放 2 粒，第 3 个小格放 4 粒，此后每一个小格里的麦粒数都比前一个小格的多一倍。请您把如此摆满棋盘全部 64 格的麦粒，都赏给您的仆人吧！"舍罕王和婆罗门一样，数学也不太行，他觉得这个要求太容易满足了，就答应了宰相的要求。当仆人们把一袋一袋的麦子搬来开始计数时，国王才发现，就是把全印度甚至全世界的麦粒都拿来，也满足不了宰相的要求。

那么，宰相要求得到的麦粒到底有多少呢？总数为 18 446 744 073 709 551 615 粒——仿佛 18 446 744 073 709 551 615 是古印度故事中的"终极之数"，无论什么故事，到最后都能绕到这里。

当然，麦粒总数似乎并不难算出来，不过就是计算

$$1+2+\cdots+2^{63}$$

只要给上面这个式子加上 1，就得到

$$1+1+2+\cdots+2^{63}=2+2+4+\cdots+2^{63}=4+4+\cdots+2^{63}$$

以此类推，最后结果为 $2^{64}$ ，即 $1+2+\cdots+2^{63}=2^{64}-1$ 。

那么，婆罗门完成大梵天的任务所需的时间是怎么计算出来的呢？如果你感到束手无策，最好的对策就是先写出两个简单的结果看看——不要一次

搞那么多嘛！先拿一个圆盘，很显然，挪动 1 次就完成任务了；然后拿 2 个圆盘，只需挪动 3 次就可以了；再拿 3 个圆盘，需要挪动 7 次……如果你还不放心，那就再看看 4 个圆盘的情况，此时需要挪动 15 次。因此，利用实际操作和找规律的办法，我们也可以得出结果为 $2^{64}-1$ 次。

但是，这种方法的致命问题在于，它没有说服力。我们试过 1, 3, 7, 15…，但凭什么说，这个数列写下去，通项公式就一定是 $2^n-1$ 呢？数学里有一种工具叫多项式插值：根据事先给定的几个数，无论你在下一个数想要多少，我都能写出一个满足要求的通项公式来。比如，你希望 1, 3, 7, 15 之后跟的数为 29，我只要把数列的通项公式写成

$$\frac{n^3}{3}-n^2+\frac{8}{3}n-1$$

即可。此时，如果分别把 $n=1, 2, 3, 4$ 代入，你就会发现结果恰好也依次为 1, 3, 7, 15。尽管我们知道，问题的正确答案应当是 $2^n-1$，却无法彻底说服别人。

当然，你也许会觉得，贼老师不过是“事后诸葛亮”，然而这样的讨论具有十分重要的意义。当你再次碰到类似问题时，很可能就会想到该怎么下手。我们注意到一件事：要挪动第 64 个圆盘，就一定要把其他 63 个圆盘搬开，并放到同一根柱子上，否则第 64 个将无处安放。而完成这个工作后，剩下的事情就好解决了：第 64 个圆盘对于其他 63 个圆盘的意义等同于底座——毕竟，那 63 个圆盘都比它小，因此，我们可以随便用它来过渡。接着，把第 64 个圆盘放在剩下的一根空着的柱子上，再把其他 63 个圆盘放上去，这样就完成了搬运工作。

在这个过程中，我们发现，把 64 个圆盘全部搬运到指定的柱子上所需的步骤，相当于搬运了两次其他 63 个圆盘，最后再加上把第 64 个圆盘搬到

指定位置的一次。记搬完 $n$ 个圆盘所需要的步骤数为 $a_n$，则

$$a_{64}=2a_{63}+1$$

这个关系仅对 $n=64$ 的时候成立吗？显然，不管 $n$ 是多少，我们总有

$$a_n=2a_{n-1}+1$$

利用一点点数列的技巧，便不难推出：

$$a_n=2^n-1$$

这下我们踏实了。比起找规律，上述推理过程没有纰漏，不可能出现随便在数列中随意加一个数，都能解释得通的情形。像这样先分析目标，然后将问题转化成一个和目标相似但规模较小的问题，并一直向上追溯到源头，最后根据最初的值确定目标值的办法，称为递归。

如果要讲递归的故事，最著名的人物莫过于那位养兔子的斐波那契了。斐波那契（Fibonacci①）是中世纪的意大利数学家——很难想象在黑暗的中世纪，居然还有人在研究数学。在将现代数的书写法和乘数的位值表示法系统引入欧洲的历史进程中，斐波那契做出了巨大贡献：他的著作《计算之书》（*Liber Abaci*）介绍了古希腊、古埃及、古印度、古阿拉伯甚至当时中国数学研究的相关内容。在一个没有互联网、没有搜索引擎的年代，就算这本书没做出任何创新性内容，单是获取、传播这些知识和信息，就已经是不得了的事情了。《计算之书》最大的贡献就是引入了“印度记（是“记”不是“计”）数法”（modus indorum）②，从而改变了整个欧洲数学的面貌。

---

① 这其实是他的昵称，Fibonacci 意思是“博纳奇之子”，他的本名应该是比萨的莱昂纳多（Leonardo of Pisa）。但数学史和当今大众已经习惯称他为斐波那契了。

② 也就是十进制的印度 - 阿拉伯数字系统。

你可能会觉得，这本书不过是引入一些记号而已，至于改变欧洲数学的面貌吗？我们举个简单的例子：$ax^2+bx+c=0(a\neq 0)$，这是一元二次方程的一个标准形式。你试着脱离现代记号系统，用中文来表述一下这个式子呗？

甲乘以丁的平方加上乙乘以丁加上丙等于零，且甲不等于零。

这相当于用汉语直译了。但接下来的配方，你可咋描述呢？优秀的记号系统就像空气一样，平时你压根感觉不到它，而一旦失去了它，你就会发现一秒都活不下去。脱离了印度记数法，欧洲数学想要发展起来几乎是不可能的。

《计算之书》的第二大贡献就是那群“疯狂的兔子”。斐波那契应该是一个很有生活气息的人，他提出了这样一个问题：假定一对大兔子每个月可以生一对小兔子，而小兔子出生后 2 个月就有了生殖能力，那么从一对大兔子开始，一年后能繁殖出多少对兔子？

事实上，斐波那契把兔子的繁殖能力打了大折扣。要知道，现实生活中，兔子一窝生下五六七八个幼崽都不是问题，每个月都能生下一窝，而小兔子最多半年就能生小小兔子了。如果按照实际情况，且兔子没有受到外来捕食者的威胁，从一对大兔子开始在一年内能生出的兔子数量将远远超过斐波那契的假设。而斐波那契提出的条件就是要让小兔子在出生 2 个月后才有生殖能力，且每对兔子每个月只生一对。

让我们回到斐波那契的兔子上。很显然，大兔子在一个月以后会生一对小兔子，2 个月后又生一对；到第三个月，大兔子生了一对小兔子，第一个月出生的小兔子也生了一对小兔子；第四个月，大兔子生了一对小兔子，第一个月和第二个月出生的小兔子们又分别生了一对小兔子……以此类推，能推出个啥呢？

相信没有接触过递归的读者，眼下已经是一头雾水了。但是，如果我们仔细梳理一下就会发现：每个月小兔子的总数恰好等于前两个月中每个月的小兔子的总数之和，对不对？因为两个月以前出生的所有小兔子在本月都可以生兔子了，而一个月前新生的小兔子还不能生。

我们用 $a_n$ 来表示第 $n$ 个月小兔子的总数，那么 $a_1=1$，$a_2=1$，$a_3=2$，$a_4=3$，$a_5=5$，不难发现，这个增长速度还是相当快的，虽然比挪动圆盘的次数和麦粒的增加速度稍微慢一些。如果把小兔子总数的增长规律用数学表达式写出来，就是

$$a_n = a_{n-1} + a_{n-2}\ (n > 2)$$

很显然，接下来的问题就是如何用含有字母 $n$ 的式子来表示 $a_n$。令人惊奇的是，尽管每个 $a_n$ 都是正整数，但 $a_n$ 的表达式看起来会让人觉得总有什么地方不对：

$$a_n = \frac{1}{\sqrt{5}}\left[\left(\frac{1+\sqrt{5}}{2}\right)^n - \left(\frac{1-\sqrt{5}}{2}\right)^n\right]$$

计算结果别说是正整数了，看起来连有理数都不像啊！可事实胜于雄辩，你只要验证几项就会发现，这确实是正确的通项公式。

斐波那契数列当然还有很多其他性质，比如，$\frac{a_{n-1}}{a_n}$ 的极限恰好为 $\frac{\sqrt{5}-1}{2}$——这就是大名鼎鼎的黄金分割率，是不是很神奇？数列中的每项都是整数，但它们的比值的极限竟然是一个无理数。

此外，从数列的第二项开始，每个奇数项的平方比前后两项的乘积多 1，

而每个偶数项的平方比前后两项的乘积少 1。

斐波那契数列举世闻名，在前几年红极一时的悬疑小说《达·芬奇的密码》中，斐波那契数列被设计成了索尼埃留给索菲的银行保险柜的密码。然而，这都不是我们的重点，递归才是。

很显然，靠人力去计算斐波那契数列的第 100 项是很困难的事情，无论去一项一项地加，还是利用通项公式计算。但计算机却特别擅长干这种事。然而，我们不可能对着计算机直接说出要求，它就能执行了，我们必须得用计算机能懂的方式告诉它该干什么，这种方式就是程序。

而程序也有好有坏。这就好比，我们从宁波到杭州，可以走着去，可以爬着去，可以开车，可以乘坐高铁，还可以乘坐飞机先飞到北京，再从北京飞到杭州。目的地都一样，但实现方式不一样。那么，如何编出一个好程序呢？那就要靠算法了。算法是解题方案准确而完整的描述，是一系列解决问题的清晰指令。比如说，我们先打开订票网站，然后预订从宁波到杭州的高铁车票，最后再去车站乘车——这就是一种算法，它把旅程安排得明明白白。

递归作为一种常见的算法，在程序设计语言中被广泛应用。从上面的分析中也可以看出，递归，就是程序在运行中不断调用自己的过程。

最后，我们以一个经典的递归问题来结束本章。

一栋楼有 $N$ 层（$N \geqslant 2$，且 $N$ 为正整数），给你 $k$ 个鸡蛋（$k \geqslant 1$，且 $k$ 为正整数）。假设这些鸡蛋具有相同的坚硬程度，你突发奇想，想知道从哪层楼开始让鸡蛋做自由落体运动，鸡蛋恰好不碎，也就是说，再往上一层楼，鸡蛋做自由落体运动后就碎了。

这玩意儿光靠想是不行的，必须做实验。我们的问题是：在最坏的情况下，最少要做几次实验，才能确定“恰好不碎”的楼层？

首先可以肯定的是，这个问题还挺麻烦的，因为显然，这个答案和 $N$, $k$ 都相关。假设 $k \geqslant N$ ，那么我们可以从中间楼层开始实验，如果从 $\left[\frac{N}{2}\right]$[①] 层上把鸡蛋扔下来，鸡蛋碎了，我们就退回 $\left[\frac{N}{4}\right]$ 层去实验；如果鸡蛋从 $\left[\frac{N}{2}\right]$ 层上掉下来没碎，那我们可以再到 $\left[\frac{3N}{4}\right]$ 层上去实验。这样一来，没走几步我们就能把这个“恰好不碎”的楼层找到。这就是经典的二分法——实验前提是，你得有足够的鸡蛋。

但是，如果 $k=1$ ，我们必然不能这样做实验，而只能一层一层楼地爬，尝试把鸡蛋往下扔，所以在最坏的情况下，鸡蛋实在太结实，我们一直爬到顶楼把它扔下去都没事，此时需要的次数为 $N$。

如果 $k$ 的值介于 1 和 $N$ 之间，那又该怎么想呢？如果你又“抓瞎”了，那我确实有一点儿难过，会有一种讲过的东西全都错付了的感觉。很多时候我们之所以觉得这个问题无法解决，是因为我们想完全彻底解决，然而你却忘了这是面对一个数学问题，如果这么轻易地就被你彻底解决，数学的面子往哪里放呢？

别说普通人了，就是大数学家面对一些数学难题时，束手无策也是常态——只不过和普通人不一样的是，受过严格数学专业训练的人往往会把问题简化成一个相对容易的问题来处理，这在解决数学问题的过程中是很常见的事情。

---

① 根据实际生活中的情况，表示楼层的数都应该是正整数，所以这里 $\left[\frac{N}{2}\right]$ 的意思是对 $\frac{N}{2}$ 取整。

比如说，哥德巴赫猜想最后要证的是一个大于 2 的偶数能拆成两个质数的和，动弹不了怎么办？数学家们就把这个问题弱化成一个大于 2 的偶数可以拆成不超过若干个质数的乘积加上不超过若干个质数的乘积的形式。

我在这里想多说一句，以后不要再说“哥德巴赫猜想就是证明 1+1=2”这种话，也不要再问“陈景润为什么要证明 1+2 等于 3？”这种问题了。人家证的是一个大于 2 的偶数可以拆成 1 个质数的乘积加上不超过 2 个质数的乘积的形式，这是所谓的“1+2”。大家现在理解在哥德巴赫猜想中，“$X+Y$”所代表的意思了吧？

说了这么多，我无非就是想告诉大家，咱们可以先从简单的情况开始尝试。除去 1 以外，最简单的情形应该是什么呢？

2 个鸡蛋。事情的真相就是这么平平无奇。好吧，现在我们有 2 个鸡蛋，$N$ 层楼，选用什么样的策略能够使得最坏的情况下次数最少？别看就多了一个鸡蛋，但我们能解决大问题了。

方便起见，我们不妨设 $N=100$，进一步简化问题。如果只有一个鸡蛋，最坏的情况就得扔 100 次，而如果有 2 个鸡蛋，那我们先从 50 楼扔一个，如果鸡蛋碎了，就用另一个鸡蛋从 1 楼开始扔起。假如我们确实够“倒霉”，一直扔到 49 楼，鸡蛋还是不破，那么算上鸡蛋碎了的那次，我们要一共扔 50 次鸡蛋。

如果从 50 楼扔下去的第一个鸡蛋没碎，那又该怎么办？这时，我们可以对 50 楼到 100 楼用二分法——别忘了，此时你手中有 2 个完好无损的鸡蛋。

有没有更好的办法呢？老实说，这个办法比起鸡蛋管够的情况确实要糟糕不少，但是比起一层层地毯式轰炸还是要好很多。之所以二分法不是最优，就是因为鸡蛋个数太少导致步长过大，如果我们能把步长缩小，不知道会不会有效果？

光空想是没有用的，要想知道梨子的味道，就要亲自尝一尝。

100 能被哪些数整除呢？ 2、5、10、20、25、50。如果把 100 层楼 5 等分，每 20 层一个单位。这样的话，在最倒霉的情况下，第一个鸡蛋在第 20、第 40、第 60 和第 80 层都没碎，最后第 100 层碎了；然后从第 81 层开始，再一直尝试到第 99 层，这鸡蛋仍然没碎……此时一共试了 24 次。但实验次数是不是明显减少了？

用同样的办法，如果把 100 层楼 10 等分，我们需要尝试 19 次；在 20 等分、25 等分后，所需次数显然大于 20 次，因此在这种方法下，次数最小值为 19。

你看，一个好的算法是不是能让我们省不少事儿？

还有更好的办法吗？还真有。既然前面扔了 90 层楼，这鸡蛋依然没碎，假如此时我们手里还有 2 个完整的鸡蛋，那么剩下的 10 层楼再用二分法处理，是不是很“香”？是啊，为什么非要一层一层地试呢？

第 10 次实验选择第 95 层楼，此时，假如鸡蛋被扔下去后碎了，那么仅存的一个鸡蛋就从第 91 层开始扔。直到第 94 层，无论鸡蛋碎不碎，结果都是 14 次；如果从第 95 层扔下去，鸡蛋没碎，那么就在第 98 层再扔一次，以此类推，最后是 13 次。

方法看起来很不错，但这一切的前提是第一个鸡蛋能抗住至少 9 次自由落体运动。如果在第 9 次落地或在此之前，鸡蛋就扛不住了呢？

假设鸡蛋在从第 90 层落下时摔碎了，那么剩下一个鸡蛋只能从第 81 层开始“扫楼”，在最坏的情况下，直到第 89 层才能确定“恰好摔碎”的楼层，此时一共扔了 18 次。这才是 10 等分楼层时最坏情况下的最小次数。

然而，如果我们再仔细想想，就会发现一个令人崩溃的事实：既然可以等分楼层，那为什么不能试试“不等分”楼层？比如，我们可以构造一个二阶等差数列，即数列中的后一项与前一项的差能构成等差数列的数列。不过，由于楼层数的限制，因此该数列的最后一项必须为 100。这样一来，我们可以分别在第 14、第 27、第 39、第 50、第 60、第 69、第 77、第 84、第 90、第 95、第 99 和第 100 层扔鸡蛋，最终，最多扔 14 次就能找到“恰好摔碎”鸡蛋的楼层了。

这哪里让人崩溃了，不是挺平常的方法吗？你看，目前挑选楼层的所有方法都是有规律可循的。那么，如果我开始随机选楼层，会不会找到更好的方案呢？换句话说：你如何知道目前的挑选方法是最优的？凭什么没有比目前更好的方法存在呢？

这个问题很难吗？真的很难。2022 年，数学家马林娜·维娅佐夫斯卡（Maryna Viazovska）因在球堆积问题上的出色工作荣获了菲尔兹奖。通俗地说，球堆积问题就是在一个立方体内放入小球，其中立方体的边长和小球半径是一定的，问题是，怎么才能向立方体内放入尽可能多的小球？三维的球堆积问题也称开普勒猜想，开普勒猜想的摆放方式很多数学家都已经猜到了，其实就是水果摊上摆桔子的方式，此时，桔子大概能占满 74% 的空间。然而，怎么证明这一点，却是个大问题。匹兹堡大学的托马斯·黑尔斯（Thomas Hales）教授在 1998 年证明了三维的开普勒猜想。他的证明长达一百多页，把这一猜想细分为有限多种情形，每种情形都可以借助计算机验证。然而，他的论文直到 2005 年才被顶级数学杂志《数学年刊》接受。

同样，对于扔鸡蛋这件事（2 个鸡蛋、100 层楼的情形），虽然扔的方式在理论上只有有限种，但这个值会非常大。我们如何知道某个值就是最少次数呢？如果把所有方式都尝试一遍，那真的要“雷峰塔倒，西湖水干”了。

如果鸡蛋的个数和楼层数继续增加呢？我们实在无法想象工作量究竟会有多大，而且，就算找到了我们自认为是最少的次数，难道我们心里真的不会打鼓吗？除非我们能像当年计算机证明四色定理那样，把所有情况归结成一千多亿种，然后逐个验证。但是，借助递归，我们可以很好地解决这个问题。

既然是递归，关键就是找到递归关系。我们的目标是找到最坏情况下的最少次数，而这个次数显然跟 $N$ 和 $k$ 都有关系，所以，我们记最少次数为 $p(N, k)$ 才是合理的。

下一个问题是：$p(N, k)$ 和 $p(N-1, k)$ 或 $p(N, k-1)$ 之间有什么关系呢？

从化归的角度来说，这个问题是很自然的，因为递归的本质就是处理上一次（或 $n$ 次）和下一次之间的关系。但是现在，最少次数显然和楼层以及鸡蛋的个数都有关，所以仅写出 $p(N, k)$ 和 $p(N-1, k)$ 或 $p(N, k-1)$ 其中一个的表达式，是不合理的。

第一次选择从哪一层楼扔鸡蛋，是很重要的。理论上，我们有 $N$ 种选择，但在扔鸡蛋之前，谁也不知道最优楼层到底是第几层，所以，这个楼层数一定是通过递归“倒推”出来的。事实上，就递归来说，我们更关心的是“之前”那一步或几步的状态。

但现在看来，这个递推公式很难目测出来，于是，我们尝试利用之前的研究过程。对于鸡蛋来说，落下去无非是两种结果：碎，或者不碎。如果不碎，那么鸡蛋的个数不变，此时问题的条件等价为“现有的鸡蛋个数 $N$”，而楼层数减少为从刚才测试楼层的上一层一直到顶层的层数。如果记刚才测试的楼层数为 $i$，问题就转化为求 $p(N, k-i)$。如果鸡蛋碎了，那么剩下的鸡蛋个数为 $(N-1)$，楼层数减少为 $(i-1)$，此时问题转化为求 $p(N-1, i-1)$。

因为要求的是最坏情况下的最小次数，所以在此方法基础上的碎与不碎这两种情况下，哪回次数更大，哪回就是我们要找的方法。注意，被扔下去的那个鸡蛋不管是碎还是不碎，扔的这一次也要计入总次数，因此，在 $p(N, k)$ 和 $p(N-1, k)$ 或 $p(N, k-1)$ 之间并没有建立起递归关系，但是，我们找到了 $p(N, k)$、$p(N-1, i-1)$ 以及 $p(N, k-i)$ 之间的联系：

$$p(N, k) = \min_{0 \leqslant i \leqslant N} \left\{ \max \left\{ p(N-1, i-1), p(N, k-i) \right\} + 1 \right\}$$

根据这个思路，我们只要写出代码，然后把剩下的工作交给计算机就可以了——它需要的工作时间如此之短，我们甚至都来不及喝口茶歇歇。

从梵天到扔鸡蛋，
兔子生得满街窜。
找到规律就不难，
递归管得还真宽。

哥德巴赫猜想

# 第5章 反证

反证，就是从反面进行论证。

想要了解如何从反面进行论证，首先要了解什么是从正面论证。所谓正面论证，就是利用已知条件通过逻辑推理的方式，得到一系列的中间结论，再根据中间结论得到最后要证明的结果。而反面论证往往是在正面论证证明不了的情况下，采用的一种有效手段。比如，欧几里得曾经用这个方法证明了质数有无穷多个。

想了解真正的数学思维，体会数学的乐趣，没什么比重走一遍数学大师们的心路历程更好的方法了。我们现在就来扮演一下当年的欧几里得吧。

质数应该有无穷多个，嗯，我要一个个数吗？好像这个办法不太好，毕竟正整数是没有尽头的，而且，验证一个很大的数是不是质数，哪怕对于两千多年以后的人来说都是非常困难的事情，何况我这样一个活在公元前的老头儿呢？

可是，这该怎么证明呢？总不能说“我觉得”“我认为”就够了吧？虽然我将来在数学史上的地位极高，但这样的证明可是会把我的名声给毁了的。看起来，我陷入了困境——哦不，也可能是陷入绝境了。我为什么要想出这样的一个命题来折磨自己呢？看来还是吃得太饱惹的祸。

什么，你说什么？我这样趴着睡不舒服，让我躺着睡？哦，我的天，反过来躺着还真的更舒服……嗯，如果我把这个命题也反过来，假设质数只有有限多个，会怎么样呢？我好像有点儿思路了。

质数就是除了 1 和自身以外不再有其他质因数的数。假设**质数是有限多个**，那么就把它们从小到大排列起来。假如我还能找到一个质数，它不在这个列表里，那就说明“质数是有限多个”这个假设不对。

不妨设这些质数为 $a_1, a_2, \cdots, a_n$，把它们都乘起来再加 1，得到 $a_1a_2\cdots a_n+1$。很显然，这个数不能被 $a_1, a_2, \cdots, a_n$ 中的任意一个数整除。

又因为质数的个数有限，所以从 $a_n$ 到 $a_1a_2\cdots a_n+1$ 之间没有其他的质数，也就是说，$a_1a_2\cdots a_n+1$ 不能被任意小于它的质数整除，因此 $a_1a_2\cdots a_n+1$ 也是一个质数。

是不是产生矛盾了？

矛盾的根源在哪里呢？

既然中间的逻辑推理过程是无懈可击的，那肯定是源头出了问题——一开始，我做了“质数是有限多个”这个假设，显然，它是不对的。既然质数的个数不是有限的，那就只能是无限的了。

这真是个有意思的结论！我得把它写进《几何原本》里去，今晚应该可以睡个好觉了……

这就是反证法：当我们无法直接论证命题是否正确的时候，不如先把结论否定，这相当于增加了一个条件；如果能从中推出“矛盾”（当然，其间的逻辑推理过程不能有问题），那么就相当于间接证明了原命题的正确性。

事实上，第 1 章“化归”中提到的证明 $\sqrt{2}$ 是无理数的例子，也是典型的反证法，大家可以再翻回去看看细节。

反证不仅是一种解决问题的方法，也是一种很重要的数学思想，特别是在处理开放式问题的时候，它的作用非常显著。所谓“开放式问题”其实指的就是“没有定论的”“尚未解决的”数学问题[1]，所有猜想都可以归结到这里，比如哥德巴赫猜想、黎曼猜想等。虽然大家都觉得这些猜想应该是对的，但在证明之前，谁也不好下定论。

那我们能不能用反证法来
尝试解决这些问题？

哥德巴赫猜想的提出距今近 300 年，黎曼猜想的提出距今也超过 150 年，你觉得，在以世纪为尺度的时间内，会没有聪明人想到这一点吗？反证法不是江湖术士“包治百病”的灵丹妙药，它只是一种思考方法，一种科学研究手段，它只能为解决问题多提供一条路而已。当我们面对更艰难的问题时，需要更多的数学思想同时发力，才更有可能解决。

话说回来，反证这种思维方法其实是非常强大的工具。从某种意义上来说，人们正是依靠反证法，发展了非欧几何。非欧几何是啥？我们晚点儿再讲，就先说说它有多厉害。这么说吧，没有非欧几何，就没有爱因斯坦的广义相对论——是不是顿时觉得，我们立马得仰视非欧几何了？

非欧几何和欧氏几何是相对的。欧氏几何就是欧几里得搞出来的那套几何学，整套《几何原本》大部分都是在讲欧式几何。如果你看过《几何原

---

① 这一说法源自英语 open question，open 最初被“硬生生”地翻译成“开放”，但现在大家已经惯用“开放式问题”这种说法了。

本》的全书，就会惊叹于一个这么庞大的系统居然在两千多年前由一个人单独完成了！如果你对这本书再深入了解一点儿，就会知道这么庞大的系统居然仅仅立足于 5 条公设！

所以，很多人怀疑《几何原本》是一部“伪作”——也不能说，这种怀疑完全没有道理。毕竟直到今天，你找一个学过平面几何的人，让他根据欧几里得的“5 条公设”推出整本《几何原本》，也不是一件容易的事情，更何况在欧几里得生活的那个“蛮荒”年代（仅就数学发展的进程而言）。欧几里得在全书的开头给出了 23 个定义、5 条公设和 5 条公理，然而，他所谓的“公理”和我们现在几何课本中所学的“公理”有所区别：前者是一些计算和证明用到的方法；而欧几里得的“公设”，却可以看成是今天教材中的“公理”。这 5 条公设分别是：

公设 1：任意一点到另外任意一点可以画直线。

公设 2：一条有限线段可以继续延长。

公设 3：以任意点为心及任意的距离可以画圆。

公设 4：凡直角都彼此相等。

公设 5：同平面内一条直线和另外两条直线相交，若在某一侧的两个内角和小于二直角的和，则这二直线经无限延长后在这一侧相交。

在这 5 条公设中，第 5 条和前面几条相比明显格格不入——它太长了，其他 4 条的字数加一起才和第 5 条的字数差不多。欧几里得自己貌似也对“第五公设”不太满意，在整本书中，他几乎没有使用过这条公设。后来，很多数学家尝试着利用前 4 条公设把第五公设给推导出来，其中就有人想到过用反证法。

吉罗拉莫・萨凯里（Girolamo Saccheri）就是其中一位。他曾经研究过一个带有双直角的“等腰四边形”，即 $\angle A$ 和 $\angle B$ 为直角，$AD=BC$（图 5.1）。

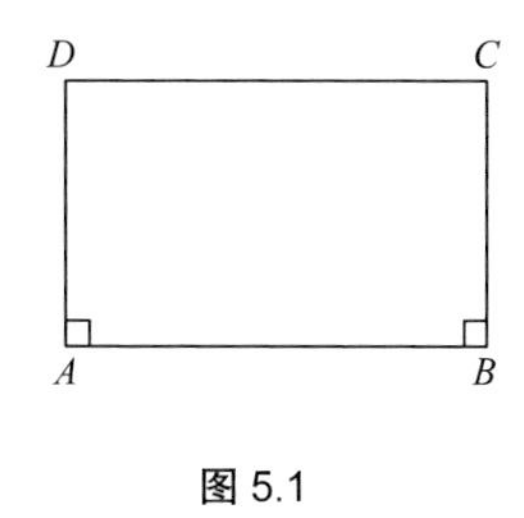


图 5.1

那$\angle C$和$\angle D$是什么样的角？事实上，如果根据现有的欧氏几何知识，我们可以知道因为$AD \parallel BC$，且$AD=BC$，所以四边形$ABCD$是平行四边形；又因为平行四边形中有两个直角，所以这个平行四边形是一个长方形，即$\angle C$和$\angle D$都是直角。

这样一来，还反证个啥呢？要知道，上述推导过程的前提恰恰是第五公设必须是成立的，也就是说，这种证明方式陷入了循环论证的怪圈。

什么是循环论证呢？就是你得到的结论，其实被你当作前提来使用了。比如下面这个例子：

什么是有意义的事？
好好活。
什么是好好活？
做有意义的事。

所以，如果第五公设不成立，那么$\angle C$和$\angle D$必然不是直角。显然，这两个角的大小相等，因此在这种情况下，它们只可能是两个钝角或两个锐角。萨凯里证明了“钝角的假设是错误的，因为它会破坏图形本身”。但是对锐角的情况，萨凯里却没有办法写出令人信服的证明——尽管他认为自己的论证是完美的。

萨凯里的努力，只是所有试图证明第五公设可以被证明的数学家的缩影——总之，他们都失败了。我们几乎可以认定：第五公设是不能被证明的。

在 18 世纪末，约翰·普莱费尔（John Playfair）提出了第五公设的一个等价命题：过直线外一点，有且仅有一条直线和已知直线平行。相比于第五公设晦涩难懂的原文，这个命题显得更容易被接受。此时，我们如果继续用反证法来写出“命题的反面”，会得到怎样的结果呢？不外乎两个结果：一是“过直线外一点，没有直线和已知直线平行”；二是“过直线外一点，有很多直线和已知直线平行”。于是，几何学史上精彩的一幕徐徐拉开了。

假设过直线外一点，没有直线和已知直线平行，那么能推出什么样的结论呢？要把这个事情讲清楚，就绕不开一个基本概念——直线。什么是直线？

现在大家知道，在数学中“下定义”是一件多么痛苦的事情了吧？这么熟悉的图形，我们可以在脑海中想象，也可以轻松画出来，但是要下个定义，居然是如此困难。当然，我们可以借助微分几何中的平面曲线曲率的概念来描述直线：直线是曲率处处为 0 的曲线。这样的描述太不友好了……这里，直线的定义就采用大家普遍认知中对直线的理解即可。

我们在直线上任取不同的两点，那么这两点和两点之间的直线部分就构成了一条线段。然后又是一条“不言自明”的结论：两点之间线段最短。而如果我们能证明连接两点的这条线是所有连接这两点的曲线中距离最短的，那么，这条线就是线段——请记住这个结论，因为在后面的内容中，它将发挥极大的作用。

我们利用一点点化归的手段：既然平面上两点之间距离最短的就是线段，那么对于其他二维曲面上的任意两点，如果它们之间有条连线是最短的，是不是很自然地可以把这条连线看成二维曲面上的“线段”？如果把“线段”无限延伸，那么，我们就得到了二维曲面上的直线。

除了平面，我们最熟悉的曲面自然就是球面了。我们在球面上任取不同的两点，怎么连才是最短的方式呢？注意，此时我们只能在球面上找路径，而不能从球体内部穿过去，所以直接连线段的方式是行不通的。好比从北京到纽约，如果我们能在地球中心打个洞穿过去，那么一定能比从地球表面飞过去要节约不少路程吧？但这种方式无法做到啊。

我们可以用数学的方法严格证明：球面上两点间的最短距离，就是在这两点经过的大圆（指经过球心的平面与球面的交线）上，以这两点为端点的劣弧的弧长。

在实际生活中，有个很有意思的应用：如果从美国西海岸的旧金山市乘坐飞机去上海，你会发现，实际的飞行航线是贴着更靠高纬度的白令海峡的，而不是直接从太平洋的腹地横穿过去（图 5.2）。因为飞机沿着白令海峡上方的航线飞行，其实是在沿着大圆走，这才是捷径。我们还可以在二维的平面地图上，以两座城市为端点拉出一条直线，这条直线反而和两座城市所在的大圆不重合，因为平面地图大多是以墨卡托投影法绘制的，并没有真实还原球面上各个地点的实际位置和分布情况。航空公司当然不会舍近求远了。

图 5.2

于是，我们得到一个结论：球面上的大圆其实相当于平面上的直线，而大圆上的圆弧相当于平面上的线段。

新问题来了：你能在球面上找到两个不相交的大圆吗？

显然，任意两个大圆必然有两个交点。也就是说，在球面上，不存在两条平行的“直线”。

这个结论是不是颠覆了你对平行的认知？虽然这里的“直线”和我们认知中的“直线”长得完全不一样，但是，推导过程却是无懈可击的。我们甚至还可以把欧氏几何中很多基础概念照搬过来，比如三角形。欧氏几何中对三角形的定义是：同一平面内不在同一直线上的三条线段“首尾”顺次连接所组成的封闭图形。我们把这个定义“移植”到球面上，很容易找到一个三角形。

事实上，所有关于球面的问题，我们都可以以地球作为蓝本进行描述。想知道球面三角形什么样，我们就可以在地球上任取三处地点，然后把它们用大圆弧两两相连，这样就组成了一个球面三角形（图 5.3）。

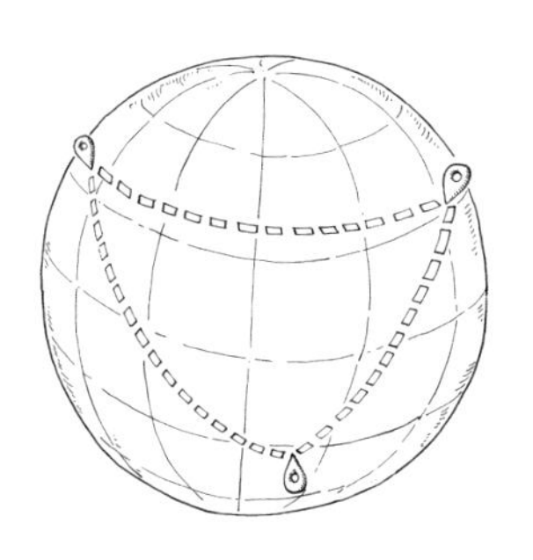

图 5.3

当我们研究平面上的三角形时，首先关注的就是三角形的内角和。平面三角形的内角和都是 180°，而球面三角形的内角和……球面三角形的内角该如何定义呢？我们是利用交点处两条圆弧的切线的夹角来定义球面三角形上两条直线的夹角的（图 5.4）。此时通过几何直观就能发现，球面三角形的内角和一定大于 180°。更有意思的是，虽然每个球面三角形的内角和都是大于 180° 的，却不是个定值。

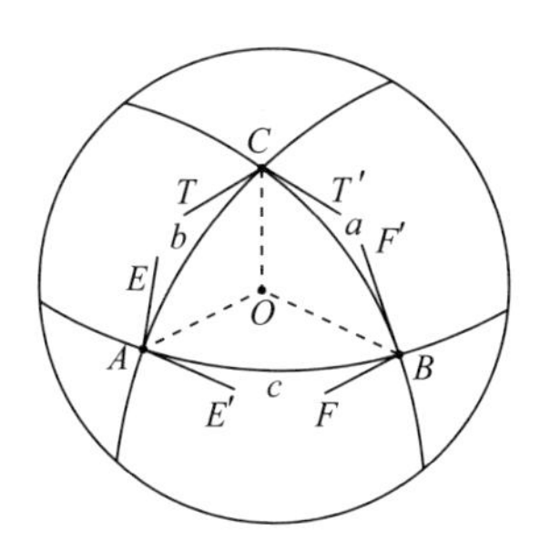


图 5.4

在平面三角形中，如果两个三角形的三个角都相等，且对应边成比例，我们就称它们为相似三角形。那么，在同一个球上的球面三角形中有非全等的相似三角形吗？很遗憾，没有。如果你不相信，可以试着画一画。比如，你先在球面上任意挑一个球面三角形，然后取其中两条边的中点，再把这两个中点用大圆的弧连起来，你就会发现……这是什么玩意儿？

篇幅有限，我不能把欧氏几何的内容继续往球面上搬运了（主要是，我怕大家会崩溃）。球面几何当然和欧氏几何有很大的不同，但研究的脉络和思路却总是可以借鉴。只不过，在新的研究过程中，我们往往需要更高级的数学工具。

有人会悲观地想：那是不是在所有（非平面的）曲面上都找不到“平行”的“直线”了呢？

对曲面和曲线的研究，是一个很大的主题。除了日常生活中常见的曲面，数学家们还搞出了很多稀奇古怪的曲面，而那些常见的曲面可能也会被冠以奇奇怪怪的名字，比如二维可展曲面。这种曲面的严格定义是：如果沿着一个直纹面的母线，切平面都相同，就把这种直纹面称为可展曲面。请不要被这句话吓倒，把这句话翻译成日常用语就是：拿把剪刀，把曲面剪开，你会发现曲面能摊成平面（或者平面的一部分）。

然而，球面显然不是可展的——你踩扁一个乒乓球就能看出来，无论如何，我们也不可能把球面展开成平面。

你听着听着，是不是有点儿慌了？按理说，圆的性质有多好，球的性质就该有多好。结果，现在球面居然不能满足可展曲面的要求，那还有谁可以呢？

事实上，在二维曲面中，符合可展曲面定义的共有三类曲面，分别是柱面、锥面、切线面。和可展曲面一样，这三种曲面也是有着严格定义的。为了不影响理解，你不妨把这三种曲面想象成圆柱、圆锥……算了，咱们忽略切线面吧。

注意，我们要把圆柱的两个底去掉，才能把它叫圆柱面。一个圆柱面可以被视为把矩形中的两条对边黏合在一起得到的。于是，我们把黏合的地方撕开，就得到了一个矩形（图 5.5）。很显然，矩形是平面的一部分。用同样的办法，我们把圆锥沿着从顶点到底部边界上的任意一点的连线剪开，就得到了一个扇形，它同样是平面的一部分。

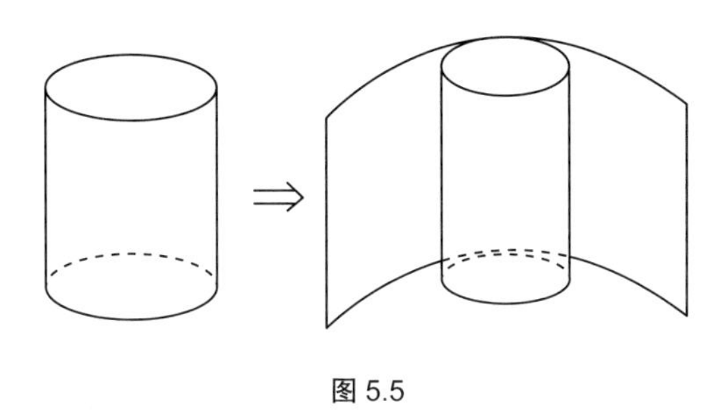

图 5.5

在可展曲面上找测地线是一件很容易的事情。我们只要把可展曲面展开成平面，然后在两点间连一条线段，再能把平面折回原来可展曲面的样子。此时的线段就变成了曲面上的一条曲线，而这条曲线就是曲面上的一条测地线了（图 5.6）。

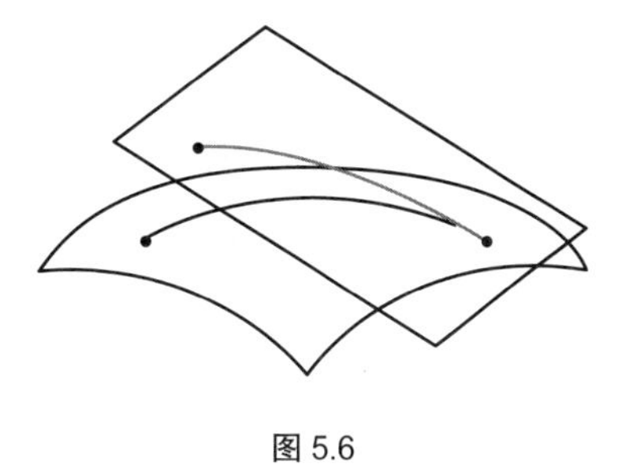

图 5.6

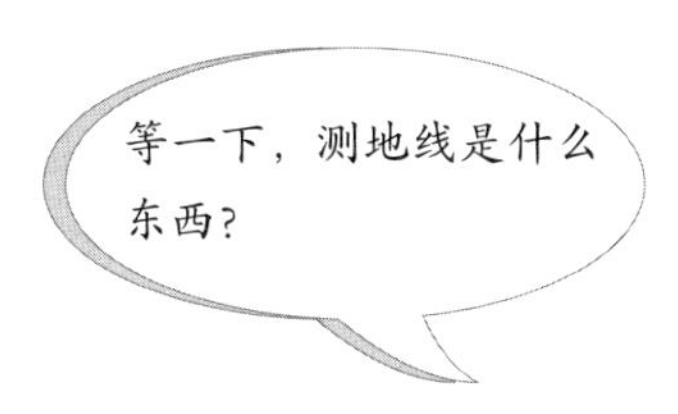


你看，我刚才一直给曲面上的“直线”打引号，可这也不是个办法啊。

所以，数学家给曲面上的“直线”起了一个名字，叫测地线。测地线的严格定义是：沿着曲线的切向量沿曲线是平行的，则这条曲线称为测地线——你是不是觉得，还是“这是曲面上‘直线’”这种说法更舒服一些？

对于柱面和锥面，我们还有一种生成的办法。以柱面为例，首先在平面上任意画一条曲线，为了简单起见，不妨就画个圆。然后找一条和平面垂直的直线（其实不一定要垂直，这里也是为了更好理解，加了垂直这一条件），沿着这个圆平行移动，此时我们就得到了一个圆柱（图 5.7）。

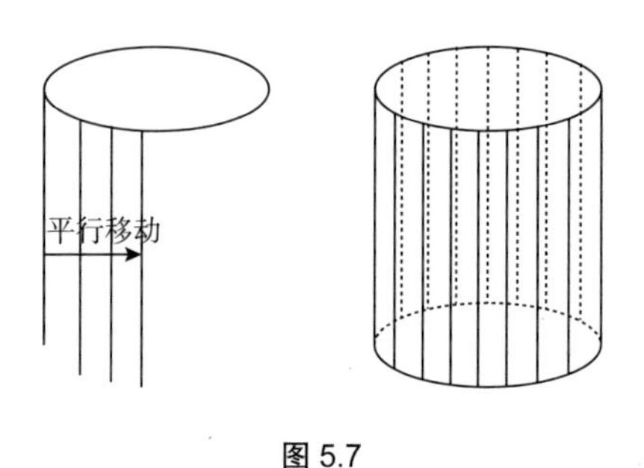


图 5.7

这时候，我们发现，过生成圆柱所用的那条初始直线（$AB$）作一个平面（$ABCD$），使其和圆柱面交于另外一条直线（$CD$），则该直线（$CD$）和初始直线（$AB$）是平行的（图 5.8），所以，在圆柱面上，是有真正意义上的平行直线存在的哟。

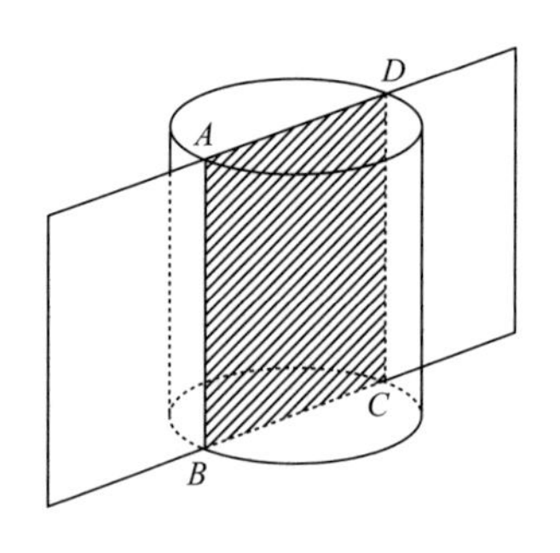


图 5.8

这两个例子说明，非平面的曲面上的曲线，确实不是永远相交的，甚至，它们可以形成欧氏几何中最原始的平行关系。

接下来，我们自然要考虑的是过直线外一点有很多直线和已知直线平行的例子。匈牙利数学家鲍耶·亚诺什（Bolyai János）和俄国数学家尼古拉·罗巴切夫斯基（Nikolai Ivanovich Lobachevsky）用一种全新的方式来定义平行：

给定一点 $P$ 和一条直线 $m$，则经过 $P$ 的直线中，有一些和 $m$ 相交，有一些不相交。有两条过 $P$ 点的直线能把这两类直线分开，这两条直线分别从 $P$ 点的左右两侧无限靠近直线 $m$。于是在这两条直线的上方且过 $P$ 点的直线都和 $m$ 没有交点，而在这两条直线的下方且过 $P$ 点的直线都和 $m$ 有交点。如果把过 $P$ 点且与 $m$ 没有交点的直线称为平行线，很显然有无数条直线平行于直线 $m$。

当然，上述过程在平面上是无法做到的。但是，在平面上做不到不代表在其他曲面上也做不到。根据这个定义结合一些推导，我们可以得到以下结论：

· 同一直线的垂线和斜线不一定相交；

· 垂直于同一直线的两条直线，当两端延长的时候，离散到无穷。不存在相似而不全等的多边形；

· 过不在同一直线上的三点，不一定能作一个圆。

怎么样，是不是很难想象出这样的情况?

是的，起码在平面上肯定是不存在这种荒谬的事情的。

那你可真的太低估数学家了。

数学史上最后一位全能数学家亨利·庞加莱（Henri Poincaré）就构造出了一个平面上的例子。平面直角坐标系内的区域 $\{(x, y): x^2 + y^2 < 1\}$（即平面上单位圆盘的内部）被称为“庞加莱圆盘”。我们在圆盘内定义的直线，指的是和庞加莱圆盘的边界相正交的圆的一段圆弧。两圆正交，是指若两圆相交，且交点处两圆的切线互相垂直。此时过直线外一点（仍然在庞加莱圆盘内）有无数条直线和该直线平行（即只要找到过直线外一点的直线和已知直线不相交即可，图 5.9）。这是一个非常直观的在二维平面上的例子，最早发现这个例子的是意大利数学家欧金尼奥·贝尔特拉米（Eugenio Beltrami），后来经过庞加莱的手，才被发扬光大。

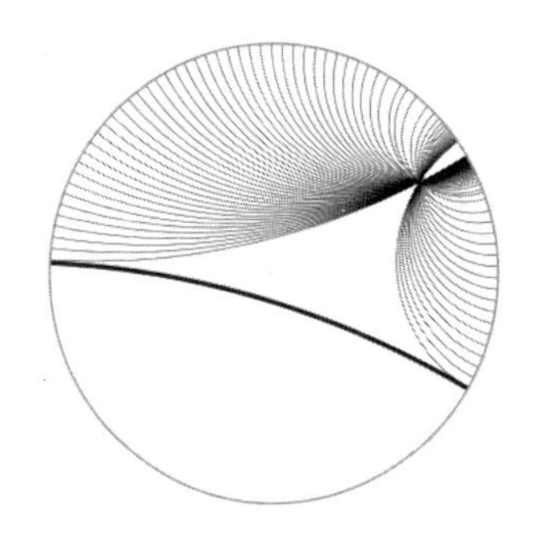

图 5.9

更复杂一些的例子就是伪球面了。从这个名字中，机智的你能猜出哪些信息呢？

千万不要为自己的想象力贫乏而感到羞愧，也不要觉得贼老师能说出“这个曲面上的三角形内角和不等于 180°”“如果球面是封闭的，那么这一定是无限延伸的”这些结论是什么了不起的事情。别忘了，我是学过这个的，我对完全没有接触过这类知识的人讲这些结论，颇有些显摆的味道——当然，如果你还没接触过微分几何就能想到这些结论，那说明你很适合从事专

业的数学研究，起码比我更适合。

那么伪球面是怎么生成的呢？它是由曳物线绕着其渐近线旋转一周得到的。什么是曳物线？假设有一条柔软但不会断的细绳，一头由人牵着，另一头拴了一个重物。当人沿着某个方向前进时，重物走过的轨迹就称为曳物线。曳物线有一个非常显著的几何特性：不论物体运动到哪个位置，其在该位置处的轨迹切线恰好就是人和重物之间的连线。

要知道，狗在追击猎物时，它的运动轨迹上每点处的切线，恰好就是它和猎物之间的连线，因此曳物线也称“犬线”。当然，由于狗的速度往往比猎物的速度快，因此，它们之间的距离是不断缩短的，否则狗就永远抓不住猎物了。狗的运动轨迹和严格的曳物线相比，还是有所不同，只不过，这种解释更形象。所以，曳物线是小狗不学都懂得怎么用的知识，它是不是显得更好理解了？

显然，在上面两个例子中，曳物线的渐近线就是人和猎物的前进方向。有了这些概念，我们大概能想象出伪球面的形状了（图 5.10）。

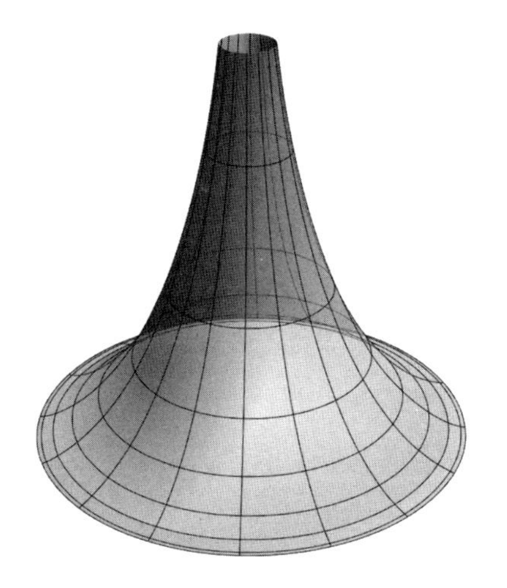

图 5.10

在伪球面上的测地线是什么样的呢？很遗憾，要描述这条测地线需要用到一些空间解析几何的知识，而仅靠文字也很难解释清楚，所以我就不多展开了。

这种基于过平行线外一点有无数多条直线和已知直线平行的几何被称为双曲几何。特别有意思的一点是，据说当年，人们觉得用伪球面来解释双曲几何实在是太难了，所以，贝尔特拉米才构思了庞加莱圆盘。但事实证明，数学家确实想多了，庞加莱圆盘并没有比伪球面更容易理解。

这么烧脑的几何，究竟是哪些人搞出来的呢？除去前面提到的那些数学家，还有几个人的名字是不能不提的。

首先登场的是德国数学家格奥尔格·克吕格尔（Georg Klügel），他在1763年提出：人们接受欧几里得平行公理的正确性是基于经验。这其实很容易理解，毕竟在那个年代，从来没有人能真正从宏观上对地球进行观测，遑论联想到球面上的几何和欧氏几何能有什么不同，更不会有人想到，还有伪球面这种东西的存在。人的思想受制于历史的局限，这是很正常的。

此后，克吕格尔的观点给了约翰·兰伯特（Johann Lambert）很大的启发，他意识到，如果第五公设不成立，但又推不出任何矛盾，那么一定有一种全新的几何学。这种全新的几何学是一种逻辑结构，虽然在现实中很难找到真实的模型与之对应（不像满足欧氏几何的例子那样比比皆是），然而在逻辑上却是没有任何问题的。

当然，谈到18世纪数学中的开创性工作，肯定绕不开一个名字——高斯。在非欧几何的发展过程中，高斯并没有发表过权威性的著作，这和他本人的性格有很大的关系。高斯是一个典型的完美主义者，对数学之美有着近乎变态的追求。他无论创作什么论文，都要达到完美，而且，所有的论证过程要尽可能简单，且不失严格性。和他同时代的数学家在为自己发现一个漂亮的结果欢呼雀跃的时候，高斯往往会从他浩如烟海的书信、手札或者草稿里抽出一张，幽幽地说一句：“啊，这个，我早就做过了。”事实上，高斯很多的研究工作并未公开发表，有的甚至都没有记录下来，直接烂在了他的肚子里。

这种性格让旁人无法掌握他在非欧几何上工作的全貌。现在，我们所知道的高斯在这方面的工作，几乎可以肯定只是冰山的一角。而仅有的这些思想也大多是从他给朋友们的信中透露出来的，因为他怕犯错，怕被其他同行嘲笑而拒绝公开发表这些成果。

不过作为“群山之巅”，高斯凭着在微分几何上的深厚功底在这个问题上依然走得很远。1827 年，高斯发表了《曲面的一般研究》，他在这篇论文中说明了怎样在空间的任意曲面上描述几何学，这使得他可能考虑过伪球面，甚至还思考过伪球面上的三角形相关问题。高斯在很早的时候就知道，试图证明第五公设的努力是白费的。他甚至告诉朋友，自己在 15 岁的时候就已经掌握能够存在一种逻辑几何的思想，其中第五公设不成立。（读这本书的大朋友们，记不记得自己在 15 岁时干了些什么？）

高斯的故事很好地说明了，人的认识是有反复的。在 19 岁的时候，他仍然试图推导第五公设，不过也是在 19 岁那年，他在和朋友、匈牙利数学家鲍耶·法尔卡斯（Bolyai Farkas）的通信中表示，他有些相信第五公设并不能从欧氏几何中推出来。他开始思考开发一种全新的又能应用的几何学。

一般来说，当今公认的非欧几何创始人是以下两位：鲍耶·亚诺什和罗巴切夫斯基。后者的名气要远大于前者，因为鲍耶·亚诺什的主要职业是军官，但他的工作一点也不比罗巴切夫斯基逊色。这么说是因为，当高斯看到鲍耶·亚诺什的工作后，给后者的老爸、自己的朋友法尔卡斯写信说，自己不能称赞人家儿子，因为夸他就等于夸自己……

然而，高斯的忧惧终究在鲍耶·亚诺什和罗巴切夫斯基那里变成了现实——他们同时代的数学家并不接受如此激进的数学思想。如果你对历史感兴趣的话，就应该知道，史书上一句平凡无奇的话的背后往往是斑斑血泪。你知道“不接受如此激进的数学思想”意味着什么吗？罗巴切夫斯基被称为“几何学上的哥白尼”，一方面，他在几何学上的成就是开创性的，另一方面，他受到的打击和迫害也像极了当年的哥白尼。

毫无疑问，罗巴切夫斯基是 18、19 世纪一位出色的数学家。他 15 岁时就进入了喀山大学进行学习，19 岁获得了物理数学硕士学位，并留校成为了一名大学老师。从二十多岁开始，他开始利用业余时间研究欧几里得的第五条公设，取得了一系列的成果。在后来的岁月中，他的工作重心逐渐转移到了新的几何学上。

1826 年，罗巴切夫斯基借着喀山大学数学物理系学术会议的机会，将自己的论文《几何学原理及平行线定理严格证明的摘要》做成一个报告，首次将这个几何体系公之于众。

这次会议来了很多学界顶级“大佬”，包括罗巴切夫斯基的朋友、天文学家西蒙诺夫（Simonov），他们对罗巴切夫斯基的报告充满了期待——毕竟这位 34 岁的年轻人此时已经是喀山大学物理数学系的系主任。然而，这个报告实在出乎他们的预料，在他们看来，整个报告从一开始就是鬼扯，罗巴切夫斯基所提出的理论完全和欧几里得几何背道而驰。会议现场的气氛尴尬到能拧出水来[①]，几乎所有专家教授都对这个青年才俊大失所望。

演讲结束后，罗巴切夫斯基照例和所有与会者交流，但是，包括西蒙诺夫在内的所有人都陷入了沉默。大家最多交换了一下眼神，眼神里写满了“这是什么玩意儿”的不屑。众人无声地把罗巴切夫斯基的研究给否决了，而否决的原因仅仅是他们听不懂。

毫无疑问，这是数学史上可悲的一幕。众多成名的大数学家完全忽视了罗巴切夫斯基整个逻辑推导的无懈可击，他们甚至都没有耐心去找找有没有错误。仅仅因为这套理论与欧氏几何对立，他们就开启了疯狂的攻击模式。在这之后，铺天盖地的嘲讽和谩骂像潮水一般涌向罗巴切夫斯基，从贩夫走卒到数学专家，这些谩骂使得罗巴切夫斯基从一位前途大好的青年数学家变成了“制造谬论的伪学家”。

---

① 请允许我用一点儿网络语言。

但是，罗巴切夫斯基没有被打倒。1829 年，在当上喀山大学的校长后，他还发表了一系列论文来重述并补充非欧几何的思想，然而换来的只是更大的嘲讽。比如，著名数学家奥斯特罗格拉茨基（Ostrogradsky），他和高斯各自独立发现了高斯－奥斯特罗格拉茨基公式，也称为散度定理，学过微积分的必定知道此人。他不但在数学方面成就颇丰，更是在天体和物理学方面都有很高的学术能力。然而，即便是这样一位大专家，在看到罗巴切夫斯基的相关论文后，奥斯特罗格拉茨基用极其刻薄的文字写道："作者表达的东西无法让人理解，尤其是罗巴切夫斯基作为喀山大学的校长，竟然能够写出这么荒唐的东西来，不值得由科学院来进行评审。"

1840 年，罗巴切夫斯基用德文出版了《平行理论的几何研究》，在该书中他也感慨人们对他的研究成果毫无兴趣。罗巴切夫斯基的晚景可以用凄凉形容，他心爱的长子患病，先他一步离开人世；他自己的眼睛也逐渐失明，郁郁而终。

按照正常的故事发展，罗巴切夫斯基的理论应该随着他生命的消逝烟消云散。毕竟，这样的奇谈怪论虽然轰动一时，但湮没在历史中也是常有的事。而且在 19 世纪三四十年代，几何的主题是射影几何。然而，罗巴切夫斯基在喀山的老师约翰·巴特尔斯（Johann Bartels）有一位好朋友叫高斯。一方面，巴特尔斯把高斯关于非欧几何的想法传授给了罗巴切夫斯基，既坚定了罗巴切夫斯基的信念，又指明了他的方向；另一方面，巴特尔斯也把罗巴切夫斯基的想法转述给了高斯。

虽然高斯向数学界隐瞒了他关于非欧几何的想法，但是，超人的直觉告诉他，确实有一种几何不同于传统的欧氏几何。事实上，高斯一直不敢将自己关于非欧几何的想法公之于众，这和罗巴切夫斯基的遭遇不无关系。普通人在面对这种诘难尚要三思，何况是高斯这样爱惜羽毛的人。事情的转机出现在高斯去世之后，他关于非欧几何的手稿被出版，马上引起了数学家的注意，于是，罗巴切夫斯基的工作终于得到了被公平对待的机会。天可怜见！

除了高斯以外，另一位天才数学家伯恩哈德·黎曼（Bernhard Riemann）对非欧几何的贡献也是不容忽视的。作为历史上最伟大的几何学家之一，黎曼开创了以自己名字命名的黎曼几何，而黎曼几何完全吸收了非欧几何的精髓。

黎曼几何的确立是在黎曼获得哥廷根大学终身职位的就职演讲之后。和所有准备入职的学者一样，黎曼高度重视这次演讲，为此精心准备了三个题目。但是，现场具体讲哪个题目，是由学术委员会决定的。通常，委员会都会选取第一个题目让这些“菜鸟”准备，所以新人们都会把自己擅长的题目放在最前面，这也成了哥廷根大学默认的“行规”。正因如此，黎曼把自己擅长的两个题目放在了前面，第三个就随便挑了自己还不怎么熟悉的题目——几何基础。

偏偏委员会里有个人叫高斯。他在看到第三个题目之后当场拍板：小黎啊，你就讲这个吧！这正是他自己很感兴趣、想了很久却不敢和人讨论的问题，既然黎曼敢选这个题目，那他肯定有两把刷子，就用他投石问路吧！高斯他老人家开心了，黎曼傻眼了。但是，高斯都定了让讲这个题目，黎曼也不好意思说“不”，只能硬着头皮接下来——估计当时黎曼想死的心都有了。

后来黎曼加班加点，用了七周的时间写完了就职演讲的论文——是的，七周就完成了这么伟大的创造。1854 年 6 月 10 日，哥廷根终于迎来了这个伟大的演讲。由于当天参加的人中只有少数的数学家，大多数都是行政官员，黎曼很贴心地没有使用太多分析技巧，甚至整场演讲中只用了一个公式。演讲结束后，行政官员礼节性地鼓掌致意——也许之后的酒会更能引起他们的兴趣；数学家们（高斯除外）面面相觑，因为他们几乎没听明白这个年轻人在说什么。

只有高斯在演讲结束后罕见地表现得激动不已，他高度评价了黎曼的工作——然后就没有然后了。很显然，在场的所有人中，只有高斯明白了黎曼做了些什么石破天惊的工作，以及这些工作对后世数学的意义。但是此时的高斯年事已高（就在第二年，即 1855 年，高斯就逝世了），很难给予黎曼一些实质性的支持。他只是以极大的赞扬和罕见的热情向威廉·韦伯讲述了黎曼所提出的思想——不过，这也算难能可贵了。

黎曼逝世后的第二年，这次演讲以《论作为几何学基础的假设》为题正式出版。一石激起千层浪，各路数学家争先恐后地投入到黎曼几何理论研究中，迅速充实了它的内容，黎曼几何一下子就显示出了强大的威力，不仅在描述空间上具有巨大优越性，更为物理几何化的工作提供了坚实基础。

黎曼把之前非欧几何的研究做了综合，将它们纳入自己的几何体系内，并且给出了合理的解释。他指出这些非欧空间是实际存在的，因此非欧几何并不是虚无缥缈的纯逻辑游戏。黎曼更是借助自己的几何理论明确提出，空间不能脱离物质而存在，而且空间形式会随时间而变化。这一思想彻底打破了的牛顿的绝对时空观，沿着黎曼的思想，思考时间与空间的相对论也就呼之欲出了。毫不夸张地说，黎曼几何为相对论提供了坚实的数学基础，没有黎曼几何的出现，也就没有相对论的诞生——毕竟没有猪肉，谁也做不出香喷喷的五花肉。如果罗巴切夫斯基在天有灵，也可以含笑九泉了吧？

# 第 6 章

# 抽象

数学为什么那么难？

因为它实在太抽象，抽象到你可能根本想不到那些数学理论居然能在现实生活中得到应用。作为数学工作者，我经常听到的一个问题就是：你搞的那个数学看起来像“天书”一样，学数学有什么用？

如果你觉得数学没有用，大多是因为你学的数学太少，少到你误以为数学最大的用途就是在菜市场算个买菜钱。事实上，从火箭上天、传染病预测、5G 通信到密码破译，高科技领域无一不用到数学。数学几乎（这里说“几乎”纯粹是替数学表示一下谦虚）是一切现代科技的基石，假如没有数学基础的应用，人类文明就会立刻退回到刀耕火种的时代。

回到农业社会还不够，居然要退回到原始社会？

当然。在农业社会，你得按照节气耕种吧？但是，没有数学，哪有天文历法？没有天文历法，哪有节气？没有农业，你不就得回原始社会了？

数学的发展和人类不断发展生产力的需求是分不开的。早期的数学都是源自实践，人类总结出一般的数学规律后，再指导实践。而让数学从大自然中剥离出来，变成一整套理论，进而对人类社会做出巨大贡献的核心思想，就是抽象。

在这一章，我们试着把一些常见的现象抽象成数学的语言，看看能不能回答“灵魂拷问”：数学和现实生活真的没什么关系吗？

很多时候，数学不光和现实生活有关系，而且关系还很密切。让我们回到原始社会。假设一个部落里要选举头人，那么肯定得有个选举的标准。在那个依靠打猎和采集为生的时代，也许谁能捕获的猎物最多，谁就最有可能带领整个部落生存下去，所以大家不如定一个简单的标准：比一比谁的猎物多。但是，这个“多”该怎么比呢？比猎物的只数，还是比猎物的总重量？比一天之内的战绩，还是比一个月的收获？对于原始人来说，这些问题都不容易。如果比猎物的只数，那么就要计数，这意味着原始人需要掌握如何数数的技能。对于现代人来说，数数是再简单不过的事情，但对于原始人来说，这个事情其实是很困难的——究竟什么是数？

要知道，1、2、3……这些数并不是凭空植入到人类脑子里的，而是在长期的生产实践中，人们慢慢抽象出来的。一只野兔、一只狗、一颗野果、一粒麦穗、一朵花……具体的事物千变万化，但它们代表的数量却都是 1。虽然每个 1 所代表的事物不同，但从数量上来说都是“相等”的。

所以，如果单凭猎物的数量为标准，那么部落中抓获一只老虎的勇士和抓到一只野兔的猎手，似乎都有资格当头人？显然，就连原始人也不赞同这个结论。人们朴素地认识到，必须是抓老虎的人才是我们心中的头人，因为抓老虎的难度大啊。作为现代人，我还想让他们解释清楚：为什么抓老虎的难度更大？如果我能够和原始人进行交流，相信他们在听完我这一个又一个问题之后，八成想把我变成他们晚上的一盘菜。尽管冒着被吃掉的风险，我还是要挣扎着问祖先们一个问题：你们凭什么说，老虎比兔子难抓？

这些问题放在今天是很容易回答的，比如说，你要比数量，我们数数就完了；你要比猎物的重量，我们拿出秤称一称，问题就解决了；你要比捕猎的难度，我们可以把不同猎物的危险程度量化，再结合猎手捕获的数量综合评估。一切都能安排得明明白白。现代人能这样做，就是因为我们充分运用了抽象的技能。在比较猎物的过程中，我们把猎物的数量分别抽象成了 1、2、3……这些数，并规定了数的大小；我们把轻重抽象成了千克、斤、两……就算再相近的重量（靠手掂量，是无法分出轻重的）也能轻易分出大小；我们还把捕猎的难度进行了量化，比如将猎物的体重、攻击力、奔跑速度等指标都加权赋分。所以，说“老虎比兔子难抓”不再是凭经验判定，而是有了理论依据。

现代人很容易就能把标准进行量化，从而看出谁的个人能力更强，选出头人就是一件很容易的事情——当然，原始社会的解决方式可能也不需要量化，打一架完事了……

事实上，把数学从生产实践中抽象出来，本身就是人类历史上的一项创举。要知道，两个野果加两个野果等于四个野果，和两条鱼加两条鱼等于四条鱼，这背后蕴含的“2+2=4”对于人类的意义远大于一顿美餐。

我们不妨再举一些例子来说明抽象的意义。假设现在要从两位射击运动员中挑选一名最优秀的候选人去参加奥运会，究竟让谁参加呢？

安排一场马拉松式的选拔赛：两个人各打一万发子弹，然后看平均成绩。结果两位神枪手打完一万发后，平均成绩都是 10 环。再来一万发吧？当然，这是个选择，但你也可以定一个规则：直接加赛一枪，专门考查心理素质。甚至，你可以根据进靶场的时候两人是左脚还是右脚先跨进来进行选择，然后选出先迈左脚的那个人——毕竟，运气不好的人参加奥运会也许也要吃亏。上述这些规则你可以随意制定，但出了结果后，你会不会被落选的运动员投诉就不好说了。

所以除了平均成绩，有没有其他指标既可以供我们参考，还能让运动员们心服口服呢？考虑到在参加奥运会时，运动员成绩的稳定性很重要（毕竟比赛时只比 10 枪），如果一位运动员状态起伏太大，而比赛时万一赶上了状态不好的时候，那可能就要崩盘。我们该如何去描述一位运动员成绩的稳定性呢？

从几何直观上来说，我们只需把两位运动员的弹着点全部标注在一张靶纸上，然后看谁的弹着点更“集中”。但是，考虑到两人都是顶尖运动员，所以肉眼可能压根就分不出来高低，这时候该怎么办？你看，这就是在现实中没办法解决的具象问题，倒逼我们使用抽象办法来考虑解决方案的好例子。问题的难点显然在于，我们该用什么办法来描述“集中”？考虑到两位选手的平均成绩相同，所以，所谓“集中”是不是应该看弹着点围绕平均成绩所在点的紧密程度？

这是一个很合理的结论吧？那又该怎么描述“集中”呢？如果给出下面两张图（图 6.1 左和右），你一眼就能看出来，右图中的点更集中。然而，为什么是这张图中的点更集中呢？

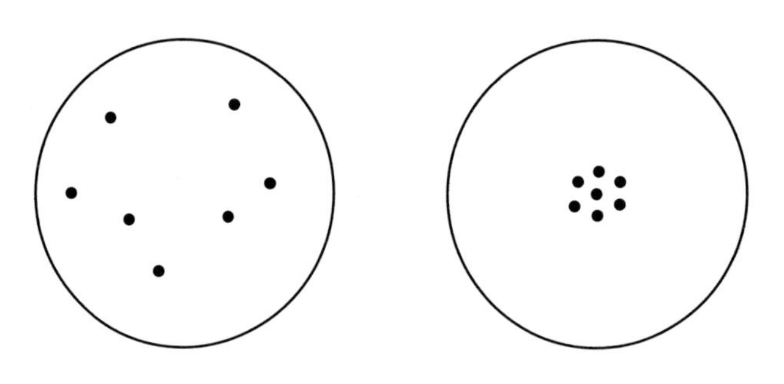

图 6.1

肉眼可见？凭感觉？如果这种说辞管用的话，那么平面几何中的证明大多要被废除了，毕竟“肉眼可见”或“拿尺子一量”就可以得到的结论为什么还需要证明呢？数学和其他学科的一个显著性区别就在于严格性，哪怕你是找茬的好手，也休想在数学里找到什么纰漏。任何想在现代数学体系中寻找矛盾的企图，找到最后都会发现，必须要推翻“1+1=2”这类简单的东西，因此像“肉眼可见”这种说法显然是不能让人信服的。如果你还是一个在校学习的学生，千万不要用这种话去刺激你的数学老师，否则后果会很严重，相信我。

因此，我们需要把这些点的分布用抽象的办法转化成数据，然后通过数学的办法处理这些数据，从而告诉其他人，你的结论是正确的——这种“正确”是无可辩驳的，否则你碰上个睁眼说瞎话的人，硬说左图中的点更集中，怎么办？要知道，临时发明一套数学工具的难度实在是太大了。

既然这些弹着点的环数和平均环数已经被提取出来了，那么第一步抽象就完成了，接下来就是用什么工具描述谁更集中。我们把平均环数也在图中标识出来，从几何直观上来看，其他点到代表平均环数的点的距离越近，自然就代表成绩越稳定。

将每个环数与平均环数相减，得到一万个新数值，再把这一万个新数值的平方和除以一万，得到的就是每个点到代表平均环数的点的距离的平方的平均值——这在概率论中有个专门的术语，叫方差。

方差的概率论解释就是，刻画所有数据与其平均值的偏离程度的量。你看，我们的问题是不是被完美解决了？显然，方差越小，说明这些数据的波动就越小，反之则越大。因此，我们只要把两位运动员的成绩数据的方差计算一下，马上就可以知道谁更有资格参加奥运会。

万一两人的方差也一样，怎么办？那就……抽签吧，毕竟运气也是一种重要的“实力”。

事实上，所有计时、计分的比赛项目，在理论上都可以用这套方法来决定哪位运动员可以作为选手去参赛。比如，两位运动员近一百次的百米赛跑成绩的平均值都一样，那么我们可以计算方差；两位举重运动员近一百次抓举和挺举的总成绩的平均值都一样，我们也可以计算一下方差；游泳运动员的成绩不分伯仲，也可以考虑一下方差。

让我们提升一下格局，把目光从运动场挪到更广阔的领域。比如，两批武器装备的性能、两批猪的饲养情况、两块试验田中的水稻平均亩产量，等等。凡涉及需要进行数据对比，而光靠平均值又看不出什么高下的情况，都可以引入方差协助进一步判定。

当然，说到抽象，就不能不提欧拉的哥尼斯堡七桥问题。在 18 世纪初的普鲁士，有座名叫哥尼斯堡的城市（今俄罗斯加里宁格勒），一条河流从城中穿过，河中有一大一小两座岛，两座岛和河流两岸通过七座桥相连。人们每天从桥上走过，看着河水从脚下流淌，岂不美哉？要知道，“偷懒”是人的天性，也是人类进步的强大动力。正是因为想更省力，人类才发明了各种各样的工具，大大提高了生产效率。为了更好地偷懒，人类需要更勤奋地工作，搞出更多能帮助提高工作效率的工具。

当人们在哥尼斯堡的桥上走的次数多了，就有人提出这样一个问题：能不能把这七座桥不重复地一次性走完？这是一个很合理的问题，毕竟在那个年头，生产力水平不足以支撑“健身”这个概念，更没有什么应用软件来帮助人们记录行走的步数，也就不能把步数发到朋友圈炫耀一番，所以少走几步路才是正经，可以节省点儿体力和时间多干点儿活。

这是一个非常具体的问题，而当人们提出这个问题的时候，解决它的数学工具还没有被发明出来，人们想解决这个问题只能用具体的办法。于是就有闲人开始进行真人实验，有人从南走到北，从白天走到黑夜，人们确实都看到了这人，可不知道这人是谁……直接说结果吧，没人能不重复地一次性走完这七座桥，大家走着、走着发现，还是走了回头路啊。难道说，不重复地一次性走完这七座桥的路线不存在？然而，你走不出这样的路线，不代表这路线一定不存在，谁也无法保证自己走过所有的可能路线了。

在这个过程中，出现了这样几个问题：走完这七座桥到底有多少种方法？实验者怎么确定自己究竟还有多少种可能路径没走过？毕竟，走完几十种不同路线后，人们早就晕头转向了，很难记录到底哪条路线是走过的，哪条是没走过的。

第一个问题很好解决，根据乘法计数原理，计算得到共有 5040 种不同路线。至于第二个问题，聪明的你有没有什么好办法呢？

为什么非要亲自去走这七座桥呢？走得又累，路线又难记，我完全可以把这七座桥的分布图画下来（图 6.2），然后在图上“指点江山”，不比实际走一遍省力得多？关键是，这样更容易记录走过的路线。于是，我们得到了哥尼斯堡七桥问题的简便做法——尝试 5040 次，工作量也是不小啊。

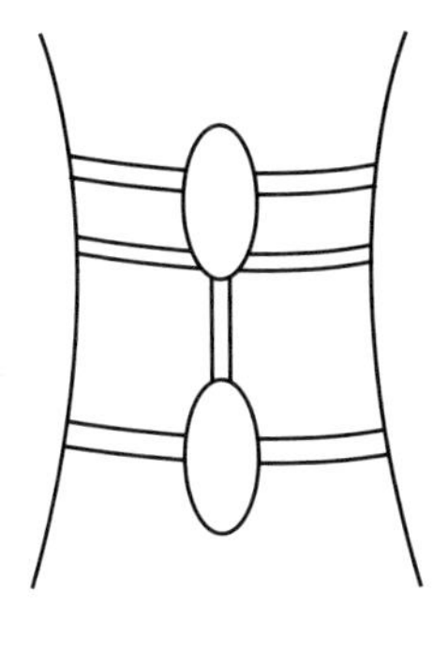

图 6.2

相比画图的办法，几位大学生找到了一条真正的捷径（要不怎么说，还是读书人厉害），他们写信给当时在俄国彼得斯堡科学院任职的大数学家欧拉。而这个问题也引起了欧拉的兴趣，要知道，人们当年向欧拉求助的数学问题，几乎没有不能被他解决的，假如极个别问题欧拉也不能解决，那么在那个时代也没人能解决得了，比如费马猜想和哥德巴赫猜想，而对于费马猜想，欧拉也证明了 $n=3$ 的情形。

欧拉甚至亲赴哥尼斯堡进行实地勘察，在尝试了若干次之后——正如我们在碰到一个全新的数学题时瞎试那样——欧拉认为，很可能一次是走不完这七座桥的。那么问题来了，怎么证明这一点？

按照当时人类的数学知识水平来说，这题肯定“超纲”了，但考虑到解题人是欧拉，什么超纲不超纲的，就不重要了。没有相应的数学工具？自己发明一个不就完了？这对欧拉来说能是多大点儿事。这种感觉好比我们看见一座山挡住去路，就只能绕着走，而欧拉直接把山推平了。

首先，他把这七座桥的分布情况抽象成图 6.3 这个样子。

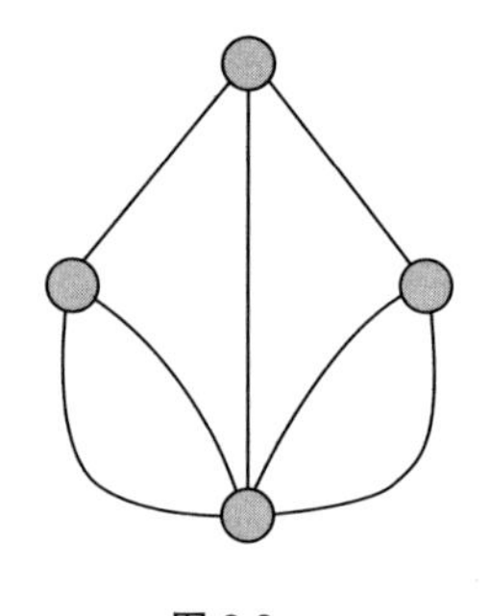

图 6.3

于是，能否一次走完七座桥这一问题，就变成能否将这张图一笔画出。经过一年的研究，29 岁的欧拉写了一篇论文，开创了一个新的数学分支——图论，同时顺便圆满解决了哥尼斯堡七桥问题。他是怎么做到的呢？

欧拉对着抽象的图形冥思苦想：究竟什么样的图能一笔画成？为了更直观一些，我们不妨用汉字的书写来解释一下。显然，“口”字是可以一笔画成的，“日”字也可以，但“目”字就不行了。有意思的是，我们把“目”字稍稍变形，变成图 6.4 的样子。我们就会发现，这个图可以被轻松地一笔画出了！这种操作就有点儿过分了啊，无非把中间的两横的位置靠得近了一些，为什么“目”字就不能一笔画成，而上图就可以了呢？

图 6.4

假如说，一笔画是一个数学问题，那么这些图是如何建立起和数学的联系的呢？当然，今天的这番推理都是属于“事后诸葛亮”，当年，欧拉找到这个联系估计是凭着如电光石火般的灵感吧。

首先，仅考虑顶点数和顶点间的连线数，肯定是不对的。比如，“口”字有 4 个顶点和 4 条连线，可以一笔画成；“丫”字有 4 个顶点和 3 条连线，却不能一笔画成；“目”字有 8 个顶点和 10 条连线，也不能一笔画成，但变形后的“目”字有 6 个顶点和 8 条连线，就能一笔画成。我们不能说，顶点数和连线数与此完全不相干，而只能说，这么看下来毫无规律。我猜测，欧拉一定也经历了这个过程，但和其他人不一样的是，欧拉找到了其中的联系。

现在问题又回到了原点：什么样的图才能一笔画成呢？

很多时候，那些看起来很头疼的问题在被捅破窗户纸以后，就会让人惊呼：这也太简单了吧！欧拉经过思考把这个问题想通了（不确定历时长短，但欧拉不可能用一整年的时间思考这个问题，毕竟需要他解决的问题真的很多）：对于图中任意一个点来说，如果有线段从这个点出去，且必然有对应的线段回来，那这样的图就能一笔画成。换句话说，如果一张图中的每个顶点所连接的线段都是偶数条，那么这张图一定能一笔画出来。

比如“口”字，每个顶点发出的线段都是两条，所以“口”字一定能一笔画出来。要这么说“品”字也满足这个条件啊。那我们不妨加上一句：图的各个部分必须连在一起。这样就没问题了。

但是，这个结论并没有解决另一个问题：能一笔画出的图一定是每个顶点所连接的线段都是偶数条吗？

我们再来看“日”字。显然，从中间那一横起笔，它是可以一笔画出的，然而中间那一横的两个端点各自发出了 3 条线段，所以，即使每个顶点所连接的线段不都是偶数条，有些图仍然可以一笔画出。

一种朴素的几何直观告诉我们：在一张能一笔画出的图里，这般发出奇数条线段的顶点，可不能太多……但是，这种顶点多到什么样的地步，图就肯定不能一笔画出了呢？我们不妨把发出奇数条线段的顶点定义为奇点，自然，发出偶数条线段的顶点就定义为偶点。上述几何直观就变成了如下结论：在一张能一笔画成的图里，奇点的数量不能太多。

我们考察一幅连通图[①]，首先会得到一个有用的结论：图里的奇点数只可

① 在一张各个线段不分方向的无向图中，如果从任意一个顶点到另一个顶点都有路径相连（反过来连接也一样），就称这两个顶点是连通的。如果在一张线段存在方向的有向图中，连接两个顶点的路径中的所有线段方向都相同，就称这两个顶点是连通的。根据这两个定义，如果一张图中的任意两个顶点都是连通的，那么这张图就被称作连通图。我们上面讨论的“各个部分必须连在一起”的图，就可以视为一种连通图。

能是 0 个或偶数个，不可能有奇数个奇点。这是因为，连通图每增加一条边，必然要连接两个点，而被连接的两个点会出现以下三种情况：

- 如果连接两个偶点，那么奇点数会加 2，奇点数的奇偶性不变；
- 如果连接两个奇点，那么奇点数会减 2，奇点数的奇偶性不变；
- 如果连接一个奇点和一个偶点，那么奇点数不变，奇点数的奇偶性不变。

因此，每多连一条线段，奇点数的奇偶性都不会发生变化。而最简单的图就是一条线段，此时奇点数为 2，因此，所有连通图的奇点数都是偶数。

如果一张图可以一笔画出，那就意味着，每个顶点处只要有出去的线段，就必须有回来的线段对应。所以，如果一张图中都是偶点，那么它肯定可以一笔画出；如果图中有奇点，那么奇点只能有两个：一个作为画图的起点，另一个作为终点。假如除这两个奇点外还有其他奇点，其中必然有一条线段无人对应，图也就不能一笔画出了。

根据上述分析，我们还顺便得到这样一些结论：如果图中全是偶点，那么任意一点都可以作为画图的起点；如果图中有两个奇点，那么画图必然从其中一个点出发，以另一个点结尾，才能一笔画完；其他情况的图，是不能一笔画成的。

我们仍然以“日”字为例。根据之前的分析，“日”字中间一横的两个端点均为奇点，因此在作画时，可以从中任选一点作为起点，剩下的那个点作为终点。如果你选其他 4 个点作为起点，是不能完成一笔画的。

下一个问题自然是：如果一张连通图中的奇点数多于 2 个，那么至少需要几笔才能画完？当然，这个问题也不难想：只要保证一个奇点做起点，另一个奇点做终点，即可完成一笔画，因此，如果连通图中奇点的个数是除了 0 和 2 以外的其他偶数，那么完成这张图所需的笔画数就是其奇点数的一半。

欧拉将七桥问题完全抽象成了一张连通图，把每一块陆地考虑成一个点，连接两块陆地的桥以线段表示，由此得到图 6.3 中的几何图形。很显然，这张图中有 4 个奇点，因此并不能一笔画出。而根据上述的讨论，我们知道这张图至少需要两笔才能画完。

有意思的是，多年以后，哥尼斯堡在七座桥的基础上又造了一座桥，这回能一次走通了吗？有了欧拉的工作，我们可以把这八座桥的分布抽象成图 6.5 的样子。

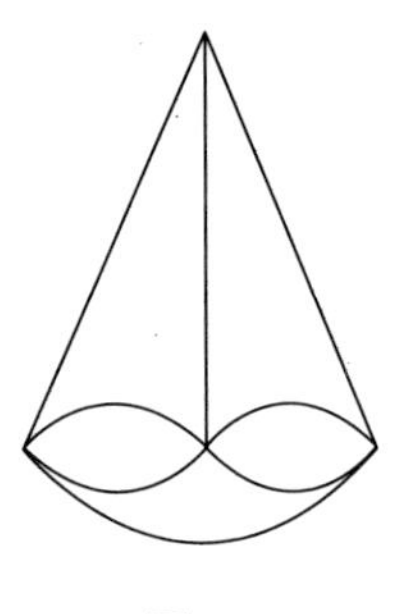

图 6.5

数一数，我们发现图 6.5 中只有两个奇点，因此可以一笔画出。

今天的哥尼斯堡城已改称加里宁格勒市，那著名的七座桥有的消失了，有的仍然保留着，但是，哥尼斯堡七桥问题早已载入了数学史册。今天，如果你去这座城市旅游，当地的导游会向你娓娓道来欧拉的传说，这已经成了这座城市最值得称道的历史记忆。

不难看出，抽象最大的意义在于从现实生活中提取出数学规律，而这些规律不但可以“平移”，还可以推广。我们享受着现代生活中的种种便利，却往往忽略了在这一切的背后，数学的默默“付出”。正是一代代数学人把在生活中观察到的具体事物，用抽象的方法提取出背后的数学，才使得人类的科技之树能够根深蒂固、开枝散叶。

没有抽象，就没有现代数学。

# 第7章
# 对称

什么是对称？

我永远记得儿子第一次站在镜子前的样子：他一动不动好奇地看着镜子中那个小人儿，那小人儿也瞪大了眼睛看着他，就像他自己一样好奇。过了一会儿，他挥挥手，镜子里的小人儿也朝他挥挥手，迷惑了半天之后，他抬头看看我，仿佛在说：镜子里的那个小家伙是谁？只要镜子足够大，我们就能在里面看见一个和现实世界一样的影像——这就是镜面对称，镜子能彻底还原自己面前的东西。

无论是在大自然里，还是在日常生活中，“对称”屡见不鲜。但是，你想过怎么给对称下一个严格的定义吗？还是挺难的。不过，有没有关于对称的严格定义，并不会妨碍我们尝试深入了解对称，因为在直观上，我们都知道对称是怎么回事儿。随便给你一个具体的东西，你一眼就能分辨出它究竟对不对称。

事实上，在数学中，我们最早接触对称是在平面几何的学习中。在小学和初中阶段，我们会学习轴对称和中心对称的相关知识。如果一个平面图形沿着一条直线折叠后，直线两旁的部分能够互相重合，那么这个图形叫轴对称图形，这条直线叫对称轴。而平面内一个图形绕着某一点旋转180°，如果它能够与另一个图形重合，那么就说这两个图形关于这个点对称或成中心对称。

根据这些定义，我们发现等腰三角形是轴对称图形，其对称轴就是底边上的高所在的直线（你也许听说过“三线合一”这种说法），平行四边形就是中心对称图形，而圆既是轴对称图形，也是中心对称图形。

是啊，说起对称，怎么可能绕得开圆嘛！不知道各位有没有这样的感觉：每当看到圆的时候，我们的脑海中就会浮现出两个大字——完美！至于我们为什么会觉得它完美，具体理由可能说不出来，总之，看了就觉得这是一个完美的图形。那么，有没有可能是因为，圆是高度对称的？

对称，本身就是一种朴素的美。在自然界中，大多数动物的外形都是基本对称的，所以当你第一次看见比目鱼的时候，也许会觉得这种两只眼睛长在一边的动物好丑啊。对大多数人的审美而言，物体的对称程度越高，带给人的美感也就越强。比如，我国的古代建筑充分体现了这种观点。假如你去参观故宫，就会发现无论是单个建筑，还是故宫的整体布局，都充分体现了对称的想法——就算是我这样一个美术“小白”，也能看出其中的美感。无论如何，大自然似乎也认可“对称”就是美这一观点。

然而，不管是哪种对称图形，在圆面前，它们都得“俯首称臣”。圆，是一个有着无数条对称轴的对称图形，也是绕着一个固定点（圆心）随意旋转任何角度，都能和原图形保持一致的图形。如果说，我们用肉眼都能观察到一个图形这么多漂亮的性质，那么从几何上来看，它一定隐藏着更多更“漂亮”的性质。

事实上，对称不仅仅是现实世界中的一种现象，更是数学世界中一种极为重要的数学思想。接下来，我们将利用对称的数学思想来探究关于圆的一个重要性质。

很多小学生都知道圆有这样的特性：在所有周长相等的封闭曲线所围成的图形中，圆的面积最大；在所有面积相等的封闭图形中，圆的周长最短。

我们可以用一种朴素的方法来验证这个结论是对的。封闭图形中，最简单的当然是直线图形，即边界是由线段一段一段首尾相接而成的图形。在所有直线图形中，三角形是最简单的，在所有周长相等的三角形中，正三角形的面积最大（这个结论可以根据计算三角形面积的海伦公式直接得到）。事实上，在任意周长相等、边数也相等的多边形中，正多边形一定是面积最大的那个。

这给我们提供了一种思路。不妨设一个封闭图形的周长为 $12a$，则当这个封闭图形为正三角形时，面积为 $4\sqrt{3}a^2$；当它为正方形时，面积为 $9a^2$；当它为正六边形时，面积为 $6\sqrt{3}a^2$……显然，随着边数的增多，这个封闭图形的面积在不断增大。

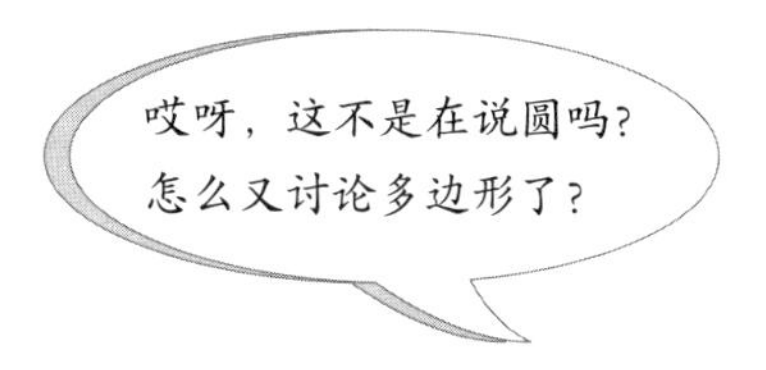


别急，圆虽然是曲线图形，但我们可以把它看成正 $n$ 边形，其中 $n$ 是趋向于无穷大的。这就是在运用极限思想。而且，$n$ 可以想要多大就有多大，因此，正 $n$ 边形的面积可以无限地变大——但有个上限，它不能突破等周长的圆的面积。

注意，这只是一种辅助手段，能更直观地解释为什么在所有周长相等的封闭曲线所围成图形中，圆的面积最大，但它不能作为一个严格的证明，毕竟我们只讨论了直线图形，没有讨论曲线图形的情况。虽然即便把曲线图形都算上，结果仍然是圆的面积最大，但是，你得证明——这就是数学。

好吧，反正人类历史上有那么多厉害的数学家，想来，这么简单且直观的问题，应该早就被人“干掉”了。说吧，到底是哪位“数学神仙”解决的问题，阿基米德？欧几里得？还是亚里士多德？说来可能要让大家大跌眼镜。这个问题的不严格证明，其实是等到了 19 世纪才由数学家雅各布·施泰纳（Jakob Steiner）给出的。他的证明过程充满了对称思想。接下来就让我们分三步，一起来领略一下对称的魅力吧。

**第一步：**在所有周长相等的封闭图形中，如果一个图形的面积最大，那么它一定是凸的。

……什么叫凸？数学最让人“抓狂”的一点就是，很多东西，你明明很清楚地理解了，让你确切描述一下却很难。比如，凸这个概念，你怎么描述？当然，你可以取巧，说“凹”反过来就是“凸”，可如果有人接着追问什么是凹，你就陷入了“鸡生蛋，蛋生鸡”的死局。在几何中，关于凸有一个专门的定义：如果一个图形内任意两点的连线上的点都在图形内部，那么就称该图形为凸图形。读完这个定义，你是不是会心生一种“是它，是它，就是它！”的赞叹？

下一个问题就是：为什么面积最大时，图形一定是凸的？我们又回到了起点，这似乎是很难回答的问题，但是，用对称解释就很容易理解。你看，图 7.1 中利用一个简单的轴对称，在不改变图形周长的情况下，是不是直接增加了原阴影部分的面积？所以，如果一个图形有多处“凹”进去了，那就把它们一个个都“凸”出来，这时，在不改变周长的情况下，面积瞬间就增大了，所以面积最大的那个图形，一定是凸的。

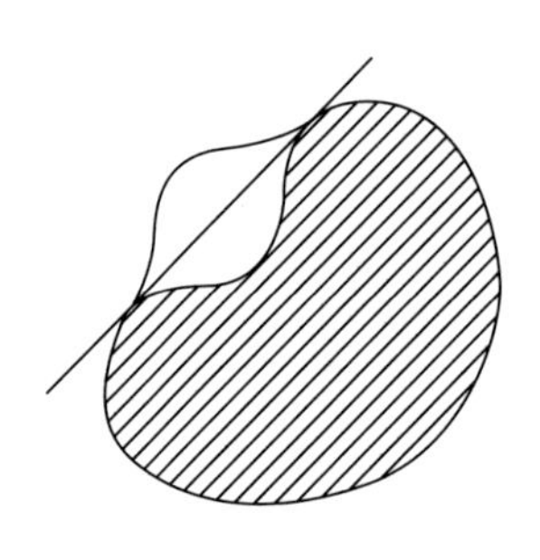

**图 7.1**

**第二步**：在图形边界上任意找两个点，使得这两个点把边界分成长度相等的两段，则这两个点之间的连线一定平分图形的面积。

这一步仍然可以用对称的性质很轻松地得到：假如条件中的两个点之间的连线不能平分图形的面积，那么这两块势必一块大、一块小（图 7.2）。我们把大的一块沿着连线翻折过去，形成与之对称的新的另一半，这样得到的整体新图形边界长度不变，但面积一定比原来的图形面积大。而现在，我们要的就是“面积最大”的情况，所以在这种情况下，不管怎么把边界分成长度相等的两段，被分割出的两块面积一定要相等。

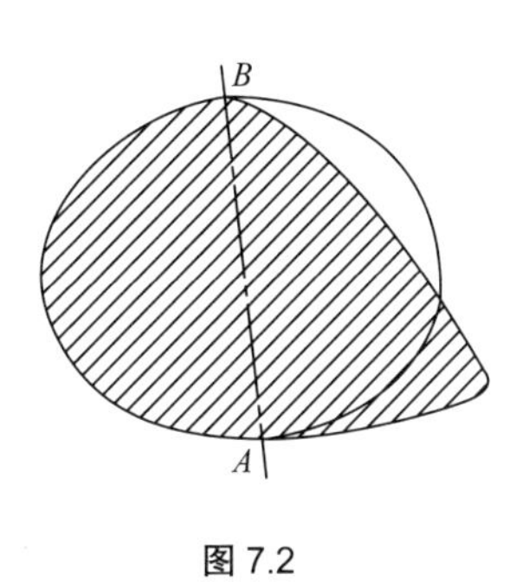


图 7.2

如果说，第一步的说明还不够明显，那第二步简直是“昭然若揭”了：其实，图 7.2 中的新图形就可以被近似为一个圆，而两点的连线 $AB$ 也可以被当作圆的直径。把一条封闭曲线分成长度相等的两段的方式有无数种——除了圆，还有谁有无数条对称轴呢？

**第三步**（建立在第二步基础之上）：如果有两个点把边界分成长度相等的两段，则曲线上除了这两点以外的任意一点和它们相连，得到以该点为顶点的夹角必然是直角。

事实上，我们可以把第三步描述的三个点所在的半边分割成三块：左、右各是一块弓形，中间是一块三角形。很显然，当两块弓形的形状和大小相同时，在三角形中，除了圆的直径这条边以外的两条边是定长的，根据三角形面积公式 $S=\frac{1}{2}ab\sin C$ 可知，当这两条边的夹角为 90° 时，三角形的面积最大（图 7.3）。因此，只要这个夹角不是直角，我们总是能通过把这个角变成直角，得到面积更大的图形。

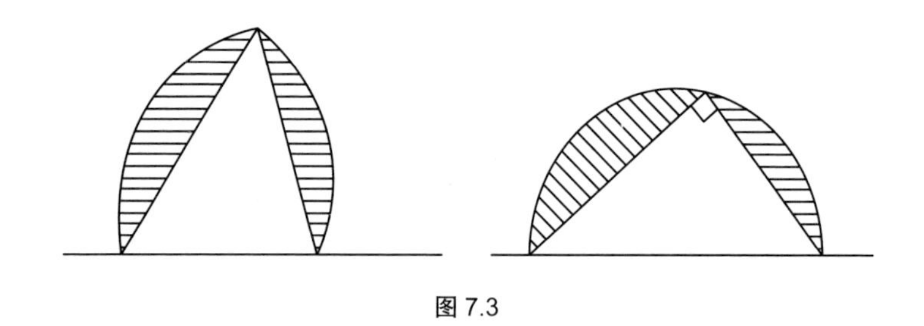

图 7.3

在中学，大家会学到一条平面几何的知识：圆的直径所对的圆周角是直角。

你现在是不是觉得，我们完成证明啦？这个结论在数学史上非常有名，叫“等周不等式”。通过以上三步，我们证明了在所有周长相等的封闭曲线所围成的图形中，圆的面积最大……是吗？

认为已经完成证明的人，请拍手；认为还差一点儿的，请跺脚，并说明理由。

当初，我自己看到这里的时候，也认为已经完成了证明：满足这样三条性质的图形，除了圆还能有谁呢？啊，难道有人举出了反例？反例倒是没有，但是，当我最终看到为什么以上证明过程还差了一点儿时，我就明白，我可能不适合学数学——嗯，学数学有时候就会遇到这样的时刻。

差的那一点儿是什么？这样的图形如果存在，那么它一定是圆，但这样的图形存在吗？这个事情还是要证明一下的。相信我，读到这里的你八成和我当年一样抓狂，抓狂完了就是感到深深的气馁。不要这样！作为一个热爱数学的人，你应该习惯这样的打击。顺便告诉你一个能令人倍感振奋的消息：当年，施泰纳自己都没有发现这个漏洞，这个漏洞是被魏尔斯特拉斯发现的。

德国数学家卡尔·魏尔斯特拉斯（Karl Weierstrass）也是超级厉害的人。早期，微积分被牛顿和莱布尼茨发明之后，一直只能充当工具的角色，并没有形成一个完整的体系。在初创期，微积分的很多概念是模糊的，甚至有不少数学家连可导和连续的关系都搞不清楚。牛顿对这些问题视而不见——反正计算没问题就行。物理学家这么想，或许“没毛病”，但数学家可不能这样。于是到了 19 世纪，魏尔斯特拉斯和柯西（Cauchy）等数学家在前人的基础上终于完成了微积分严格化的工作。这相当于，牛顿和莱布尼茨连地基都不打，就把“东方明珠”给造出来了，多年之后，魏尔斯特拉斯和柯西等人才把地基给夯实了。

话说回来，不是真正的厉害角色，怎么能看出证明中的漏洞呢？为了弥补施泰纳的漏洞，证明这样的封闭曲线的确存在，很多学者投入了研究。比如，胡尔维茨就利用傅里叶级数证明了分段连续可微的简单闭曲线时的情形，当然这里用到的技术已经超出了本书的难度范围，我们就此略过。

我相信，好奇的你一定会提出这样的问题：对称在平面几何中如此有用，那么在立体几何中呢？

现在的问题是：在表面积一定的立体图形中，球的体积是不是最大？利用化归，我们可以先看正四面体，再看正五面体，然后看正六面体……我在这儿拦一下啊，正四面体和正六面体都没问题，至于正五面体，哪位读者受累，画一个让我开开眼成吗？相信经过不懈努力，这么做的结局就是放弃。

奇怪，明明有正五边形，为什么画不出正五面体呢？

我们不妨这样想问题：要画正四面体，就要将立体图形的 4 个面都画成正三角形；正六面体就是立方体（正方体），可以视为由 6 个正方形拼出来的；那么正五面体的每个面又会是什么形状呢？

此时你可能会想：正四面体的每个面是正三角形（3 条边），正六面体的每个面是正方形（4 条边），所以正五面体不存在吧？因为在 3 和 4 之间没有其他的正整数。如果你能这样联想，那真的是极好的。虽然这个理由和真正的原因完全不沾边，但是，你已经走上了大胆假设的路子，可喜可贺。

一个立体，一个平面——正多面体和正多边形的联系看起来如此紧密，同理，立体几何和平面几何之间的联系也应该十分紧密，所以，大家会有这样的猜测一点儿也不奇怪。只不过，数学的迷人之处就在这里：有时候，看起来有联系的事情却没什么联系，真相让人大跌眼镜。事实上，和正多边形有无数种的情形不同，正多面体只有五种：正四面体、正六面体、正八面体、正十二面体和正二十面体（图 7.4）。

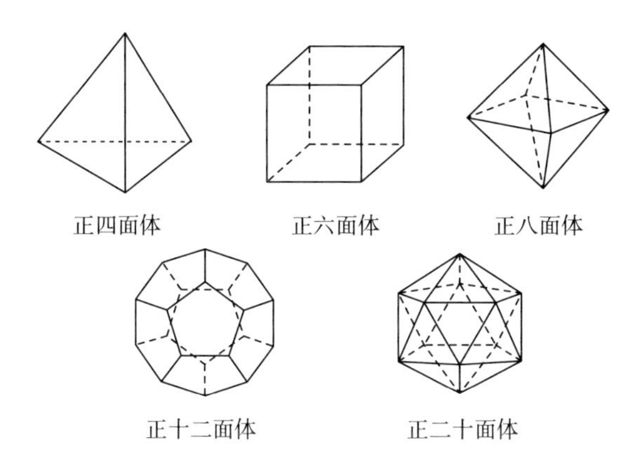


图 7.4

其他情形的正多面体，都不存在。

不仅如此，能够组成正多面体的平面图形也仅限于正三角形、正方形和正五边形，其他正多边形都不能拼成正多面体。而在仅有的这五种正多面体中，由正三角形拼成的就有三种。

不难看出，这些立体图形也都是对称图形。但立体图形和平面图形的对称，必然有不一样的地方——想用正多面体逼近球来证明球体积最大的梦想，可以宣布破灭了。为什么立体图形和平面图形之间会出现这么大的差别？这是因为对于多面体而言，有一只“看不见的手”在起作用——欧拉公式。

对于任意多面体（即组成这个立体图形的各个面都是平面多边形且没有洞的立体），设 $F, E, V$ 分别表示面、棱和顶点的个数，都有

$$F-E+V=2$$

是的，无论什么稀奇古怪的造型，只要是多面体，都满足这个公式。是不是

很神奇?

接下来就是验证的时刻。我们不妨从最简单的四面体开始考虑。四面体中 $F$ 的值显然为 4，一共有 6 条棱，即 $E=6$，顶点有 4 个，即 $V=4$，代入公式得到:

$$4-6+4=2$$

公式成立。对于六面体的情形，以立方体为例，它共有 6 个面、12 条棱、8 个顶点，代入公式得到:

$$6-12+8=2$$

同样证明公式成立。

我们当然不能用一一举例的方法来证明这个公式，不过，例子可以帮我们更直观地去理解它。关于欧拉公式的详细证明，你随便翻开一本讲拓扑的书，其中应该都会讲述（相信我，大多数人看一眼，是不会对这个过程感兴趣的）。

利用这个公式，我们可以证明世界上最多只有五种正多面体。事实上，早在公元前三世纪左右，人们就知道了这五种正多面体的存在。然而在随后的近两千年里，人们再也找不到第六种正多面体，所以，很自然会有人猜测，正多面体只有这五种，却无法证明。直到欧拉发现了欧拉公式后，才从理论上说明了第六种正多面体真的不存在。

证明思路很简单。假设一个正多面体的各个面都是正 $n$ 边形，每个顶点处恰好有 $p$ 条边交于此。注意到每条边必然对应两个面，每个面有 $n$ 条边，则边的条数的 2 倍等于面的个数的 $n$ 倍；而每个顶点对应 $p$ 条边，每条边对应 2 个点，则顶点的个数的 $p$ 倍等于边的条数的 2 倍。列出关系式为:

$$nF = 2E$$
$$pV = 2E$$

代入欧拉公式中可以得到：

$$\frac{2E}{n} - E + \frac{2E}{p} = 2$$

整理得：

$$\frac{1}{n} + \frac{1}{p} = \frac{1}{2} + \frac{1}{E}$$

一个方程里有三个未知数？咱们还是掉头就走吧。大可不必。注意到 $n \geqslant 3$ 且 $p \geqslant 3$ ，因为若 $n > 3$ 且 $p > 3$ ，则 $n$ 和 $p$ 最小就是 4，此时

$$\frac{1}{n} + \frac{1}{p} \leqslant \frac{1}{4} + \frac{1}{4} = \frac{1}{2} < \frac{1}{2} + \frac{1}{E}$$

所以，$n$ 和 $p$ 中至少有一个为 3。

此时可以分情况讨论，分别设 $n = 3$ 和 $p = 3$ ，经过讨论可知，确实只有五种可能情形，即正多面体只有上述的五种。

从平面到立体，情况大不相同，不得不佩服大自然的神奇力量给数学爱好者带来这么大的惊喜——嗯，也许是惊吓吧。

相对于平面图形，正多面体除了面数有限制，它们的对称又有什么独到之处呢？我们不妨以正四面体为例，很显然，正四面体有内切球，也有外接球，并且这两个球的球心重合。毫不意外，这个球心一定是正四面体内最重要的点——至于球面上的任意一点，说得不客气一些，都谁是谁啊？大家的

地位都一样，不会有任何区别，各种性质真正做到了“雨露均沾”。但球心呢？从几何直观上来看，它就是卓尔不群的：在整个球体内，没有哪个点是球心的对称点——是的，它就是“王”。

所以，对于正四面体来说，其内切球或外接球的球心一定非常重要。和球不一样的地方在于，正四面体的 4 个顶点的地位和其他点也显然不同，如果把顶点和球心相连，并向两端无限延伸，我们会发现这条直线的性质好得不得了。好在哪里？虽然你可能一时半会儿说不清楚，但感觉上就是好。不信，你在正四面体内找一条其他的线段比比看，感觉就是没这么好。由立体几何相关知识可以知道，这条直线必定垂直于该顶点所对应的底面（图 7.5），由于正四面体有 4 个顶点，因此这样的直线一共有 4 条。

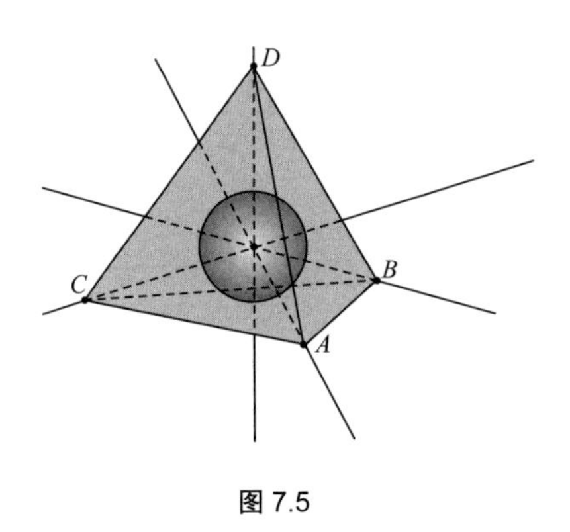


图 7.5

这条直线有什么性质呢？首先，它一定过底面的正三角形的中心；其次，如果底面绕着这条直线旋转，当转过的角度分别为 120° 和 240° 时（仅转一周），正四面体就跟没动过一样。正四面体恰好有 4 个顶点，所以共有 8 种情形使得正四面体经过旋转后保持原来的样子。

还有其他的情形，能让正四面体经过旋转以后依然保持原样吗？一种朴素的直觉告诉我们，如果存在这样的旋转，那么对称轴必然过内切球的球心。而顶点已经用完了，接下来的特殊点应该选在哪里呢？你看，对于正四面体来说，顶点最特殊；对于正三角形来说，中心最特殊；点和面都讨论完了，接下来该讨论什么了？

没错，线。

在正四面体中，哪些线最特殊呢？自然是棱。而棱上的特殊点，最容易联想到的就是它们的端点，这恰好又是正四面体的 4 个顶点，所以不必讨论了。其次的特殊点呢？棱的中点。我们把两条相对的棱的中点连起来，不难看出，连线也必然过内切球的球心，而且恰好是这两条相对棱的公垂线（图 7.6）。那么正四面体绕着这条连线旋转，能保持不变吗？答案是肯定的。当正四面体绕该线旋转 180° 时，正四面体又变回了原来的样子。

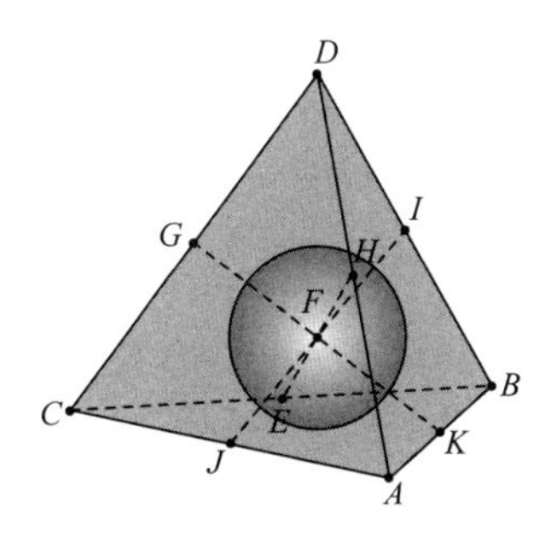


图 7.6

这样的对称轴又有 3 条，每条恰好对应一种旋转，让正四面体在旋转后看起来像没动过一样，因此一共是 3 种旋转方式。

在以上两类对称轴的情形中，正四面体绕对称轴旋转 360° 一定能变回原样，并且，所有的点都复位了——就跟没动过一样——因此，所有旋转 360° 的情形可以被视为一种。这样看来，使得正四面体不变的旋转方式共有 12 种。

采用类似的讨论方式，我们知道，使得正六面体和正八面体不变的旋转方式有 24 种，而使得正十二面体和正二十面体不变的旋转方式有 60 种。

为什么保持正四面体不变的旋转方式和其余几类正多面体不一样？你看，正六面体和正八面体的种数一样，正十二面体和正二十面体的种数一样——从某种意义上来说，这几个数也挺对称的……唯独正四面体的种数与众不同。

为什么会这样呢？几何问题，我们还是从几何的办法入手。首先，观察一下最特别的正四面体。之前已经说过，对于正四面体而言，最特殊的点莫过于 4 个顶点，其次就是 4 个正三角形面的中心。既然 4 个顶点已经构成了正四面体，那么 4 个正三角形面的中心能构成什么呢？将它们连线之后我们得到了一个小的正四面体（图 7.7）。重复这个过程，我们可以得到一系列的正四面体。

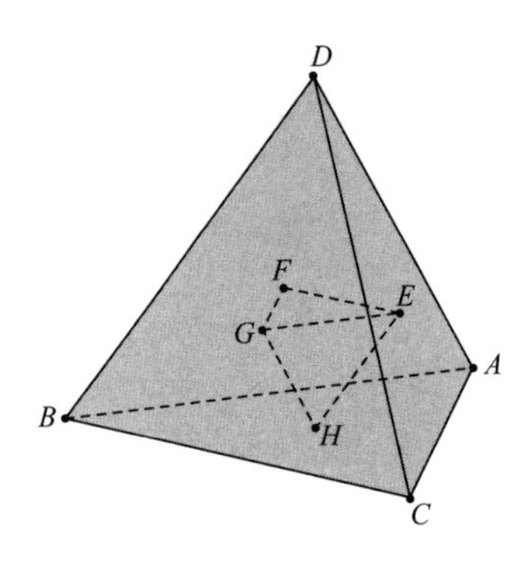


图 7.7

那其他四类正多面体呢？这时候我们很自然地把它们分成两类：正六面体和正八面体一类，正十二面体和正二十面体一类。注意到，这些正多面体的每个侧面也都是正多边形，只要是正多边形，那么必然有外接圆，因此其外接圆的圆心也是仅次于顶点的特殊存在——没错，这里用的就是化归。

正六面体共有 6 个面，因此有 6 个多边形的中心，把这些中心连起来，得到的立体图形是——正八面体?!（图 7.8）

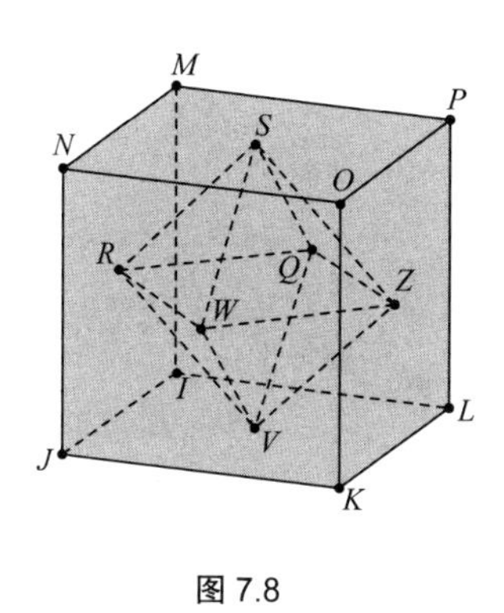


图 7.8

这时候，一个大胆的假设在我们脑海中浮现，那么正八面体各面的中心的连线，会不会组成一个正六面体呢？这样无限推断下去，两种多面体保持旋转不变的方式种数相等，看起来天经地义。这次，你不妨自己动手画图，你会发现正八面体的各面中心的连线，真的会组成正六面体！

我们可以合理地猜测：正十二面体各面中心的连线组成的是正二十面体，而正二十面体各面中心的连线组成的是正十二面体。这个结论经验证是对的——这种形式的对称，是不是很出乎意料？

让正多面体保持不变的旋转方式也有很好的性质，我们依然从最简单的情形——正四面体看起。

在 12 种旋转方式中，最特殊的当然是“全然不动”的情形：如图 7.9 所示，正四面体不仅形状不变，就连各顶点的字母顺序也没有发生任何变化，即从 $P-ABC$ 变为 $P-ABC$ 。实现方式有很多，比如记正$\triangle ABC$的中心为 $O$，正四面体绕 $PO$ 旋转 360°，就能完成上述要求。我们把这种情形记作“单位元”——请记住这个名词，在后面的描述中，它将多次出现。

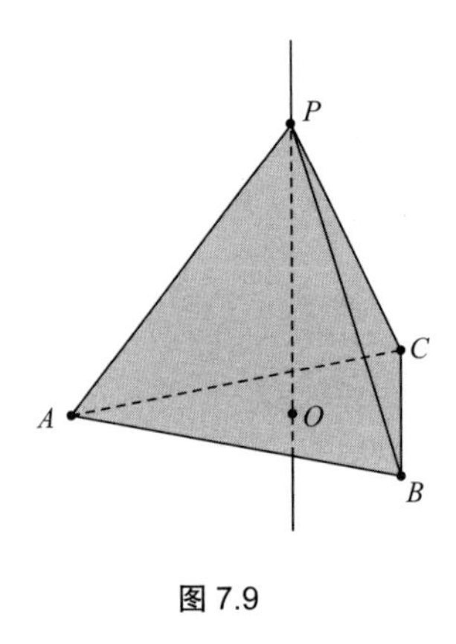


图 7.9

除了单位元以外，其余的 11 种旋转方式可以分成两类：一类是绕着顶点和中心的连线旋转，另一类是绕着对棱中点的连线旋转。我们不妨先考虑第一类。

考虑正四面体的初始状态为 $P-ABC$ ，正$\triangle ABC$ 的中心为 $O$，正四面体绕 $PO$ 逆时针旋转 120° 后，虽然正四面体位置不变，但是字母的位置发生了改变。此时 $P-ABC$ 变成了 $P-CAB$ （图 7.10）。

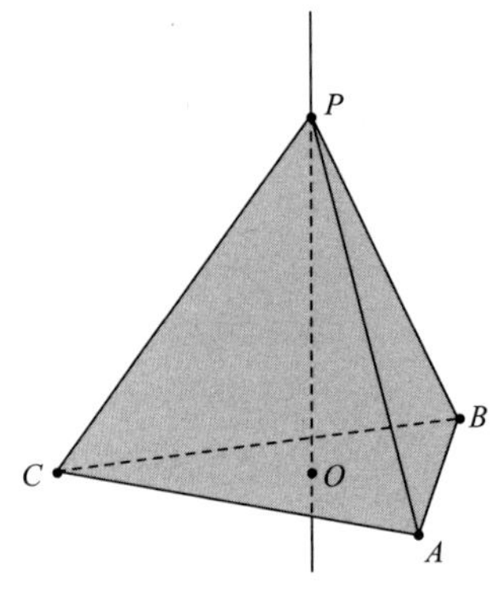


图 7.10

此时，如果找到正$\triangle PBC$ 的中心 $O'$，将正四面体绕 $AO'$ 逆时针旋转 120°，则图中的字母标记应该变成图 7.11。

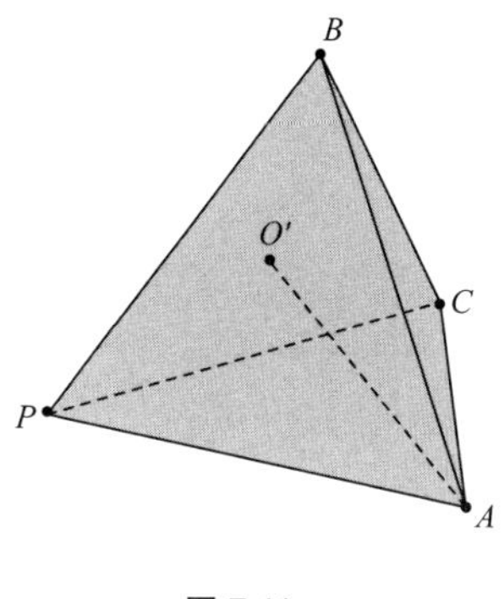


图 7.11

此时我们得到的结果，恰好不就是图 7.9 中取正△$PAB$ 的中心 $O''$，然后正四面体绕 $CO''$ 逆时针旋转 120° 之后的结果吗？

如果你有足够的耐心，从这 8 种旋转方式中任意挑选两种，然后对正四面体进行操作，就会发现，不管你怎么组合变换，总能在剩下的 6 种旋转中挑出一种，使得两种操作的效果是相同的。

那么对于另一类绕着对棱中点的连线旋转的情形是否有同样的性质呢？把正四面体的一组相对棱 $PC$ 和 $AB$ 的中点 $D$ 和 $E$ 连接（图 7.12a），绕中点连线 $DE$ 旋转 180°，得到图 7.12b。

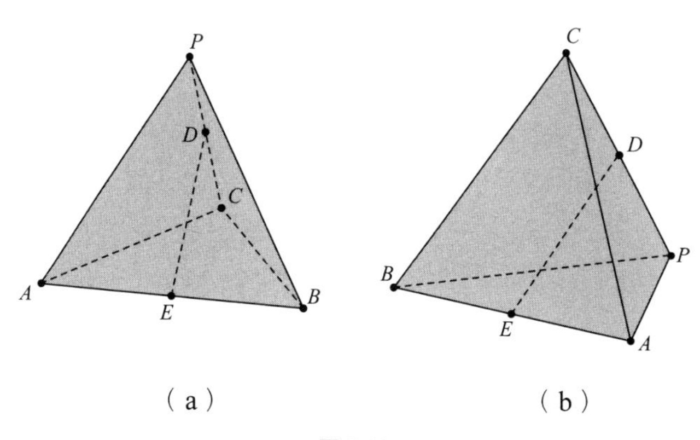


图 7.12

同理，作棱 $AP$ 和 $BC$ 的中点 $F$ 和 $G$ 的连线 $FG$，正四面体绕 $FG$ 旋转 180°，得到图 7.13。这不恰好等效于最初的正四面体绕 $AC$ 和 $BP$ 的中点连线旋转 180° 吗？

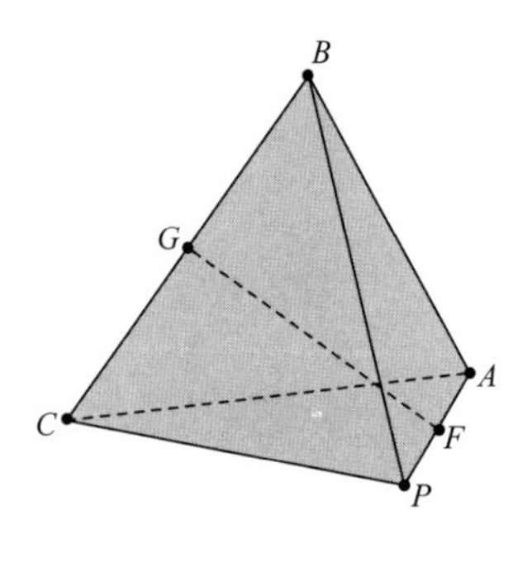


图 7.13

接下来应该做什么？没错，从两类旋转方式中各取一个，看看是否仍能在这 12 种（包括单位元）旋转方式中找到等效的方式？

经过验证，你会发现，从这 12 种旋转方式中任选 2 种先后作用（可以是同一种旋转连续作用 2 次）在正四面体上，一定能在 12 种旋转方式中找到某一种旋转方式与其恰好等效。我们把 2 次旋转的结合定义为“乘法”，于是，上面这段表述可以理解为，从 12 种旋转方式中任意挑选 2 种（可以挑 2 次相同的旋转方式）做乘法，积一定是 12 种旋转方式中的一种。我们把这种性质称为“对乘法封闭”。

我们再把正四面体摆到我们最熟悉的位置，$\triangle ABC$ 的中心为 $O$，连接 $PO$（图 7.14）。

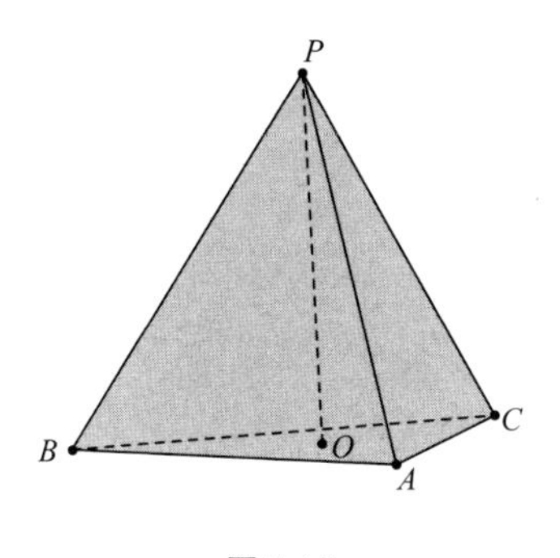


图 7.14

任意选取 12 种旋转方式中的一种，比如，$\triangle ABC$ 绕 $PO$ 逆时针旋转 120°，得到图 7.15。

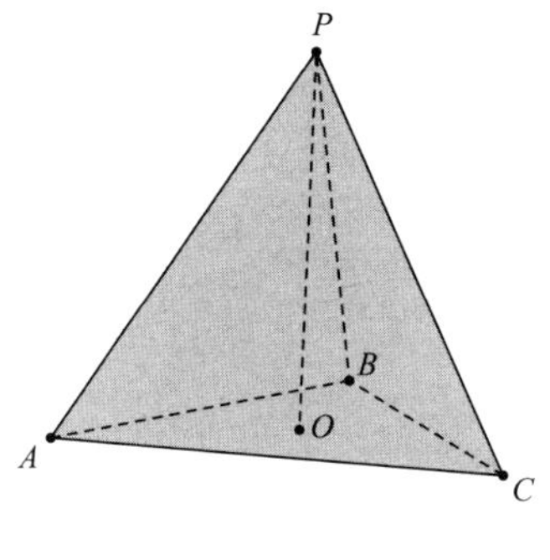


图 7.15

我们发现，只要继续绕 $PO$ 逆时针转 240°，正四面体又变回了原来的样子。用刚才定义“乘法”的语言描述这一过程就是：

正四面体 $P-ABC$ 底面 $\triangle ABC$ 绕 $PO$ 逆时针旋转 120° 乘上底面 $\triangle ABC$ 绕 $PO$ 逆时针旋转 240° 等于单位元。

我们把这 12 种旋转方式看成一个集合，则每种旋转方式都是集合中的一个元素。如果两个元素的乘积等于单位元，就把其中一个称为另一个的逆元。换句话说，逆元一定是成对出现的。

事实上，这 12 个元素都有逆元，而逆元也都是这个集合中的元素。上页的例子是将正四面体一个顶点及其对面的中心的连线作为对称轴，如果取一组对棱的中点连线为对称轴旋转，我们会发现，这类元素的逆元就是其自身，也就是说，连续同方向旋转两个 180°，多面体就恢复原样了。单位元的逆元又是谁？那当然也是它自己咯！

最后，我们来看一位老朋友——乘法结合律。这个数学名词对大多数人而言一点儿也不陌生，毕竟咱们从小就经常接触，而且这也是速算中常用的方法。乘法结合律的数学表达式为

$$a(bc)=(ab)c$$

本质上就是一句话：在算式中加括号，不改变乘法运算的结果。那么，对上述这个集合中的元素来说，乘法结合律是否也成立呢？答案是肯定的。事实上，验证这一点并不难，证明过程不妨留给读者们自己试一试。

总结一下：在令正四面体旋转后保持不变的 12 种旋转方式组成的集合中，如果定义一个乘法，那么集合中的元素有以下几条性质：

(1) 有单位元；
(2) 对乘法封闭；
(3) 逆元也在集合中；
(4) 适用乘法结合律。

满足这四条性质的集合，貌似还有很多啊。比如，有理数集合去掉 0 以后，剩下的元素组成的新集合也满足以上这些性质。你看，单位元就是 1；有理数（以下均为非零有理数）乘有理数，积还是有理数；有理数的倒数也是有理数；有理数的乘法中，括号可不是也能随便加吗？

事实上，以上这四条性质和集合中的元素是什么样的，两者似乎没什么关系——元素可以是数，可以是旋转方式，也可以是你自己构造出来的一切满足这四条性质的“玩意儿”，只要你能自圆其说，就算你在小狗、年糕和《不焦虑的数学：孩子怎么学，家长怎么教》这本书之间建立一种乘法关系，都行。

毫无疑问，这种完全脱离对象，只把核心性质抽象出来的方法，已经脱离了几何的研究重点。没错，我们把满足有单位元、对乘法封闭、逆元也在集合中以及适用乘法结合律的集合称为“群”。而群是代数中最简单的一种研究对象——毕竟其中只有乘法，连加法都不用考虑。

令正四面体在旋转后保持不变的旋转方式，显然是成群的。那么，令其他 4 种正多面体在旋转后保持不变的旋转方式，是不是也能成群呢？答案是肯定的。这 5 种正多面体的旋转可以被看成 3 个群，其中，正十二面体和正二十面体的旋转所生成的群可以用来证明一元五次方程没有求根公式。

最早在这个问题上取得重大突破的是挪威数学家尼尔斯·阿贝尔（Niels Abel），他在 1824 年发表了一篇名为《一元五次方程没有代数一般解的证明》的论文，首次证明了这个结论。但是，他在论文中留了个“尾巴”，没有解决什么样的一元五次方程能够用根号表示，什么样的不能用根号表示。当他把自己的论文寄给法国大数学家柯西后，柯西居然把论文弄丢了。他又把论文寄给高斯，据说，傲慢的“数学王子”（当然，他绝对有资格傲慢）收到论文后用鼻子“哼”了一声，就没了下文。上天没有眷顾这位来自北欧的穷小子。不到 27 岁的时候，阿贝尔还没来得及完全解决这个问题就因病去世了。接力棒就落到了另一位年轻的天才——法国数学家埃瓦里斯特·伽罗瓦（Évariste Galois）的手上。

伽罗瓦最终完美地解决了所有五次以上方程求根公式不存在的问题，而且能够判定出，什么样的五次方程可以解，什么样的不能解。他用的方法就是群。

当然，这个过程也不是一帆风顺的。伽罗瓦先把他的成果寄给了数学家约瑟夫·傅里叶（Joseph Fourier），这也是为了当年参加法国科学院的数学大奖评选，结果傅里叶“中道崩殂”，在他的遗物中也没有发现伽罗瓦的论文。后来伽罗瓦又把进一步的结果寄给了数学家泊松，泊松在经过几个月的审读后，因为自己读不懂，就建议法国科学院否定了这个结果。

此时，伽罗瓦不过是一个 20 岁左右的年轻人，所以，他做了那个年代一个法国年轻人更应该关注的事——他对这些数学家极度失望，然后把绝大部分精力投入政治斗争中。没多久，他就两次被捕，出狱后，他竟然认为自己找到了真爱。为了和情敌争夺自己的心上人，他接受了决斗。在这场决斗中，伽罗瓦的生命永远定格在了 20 岁。好在，在决斗前夜，他仿佛预感到自己可能会输，于是连夜把自己天才的数学思想写了下来。一共仅 60 页的手稿，开创了一个新的数学分支——群论。

那么正十二（二十）面体上保持立体形状不变的旋转所生成的群又是怎么解决一元五次方程求根公式不存在的问题的呢？因为正十二（二十）面体上保持立体形状不变的旋转所生成的群是一元五次方程的伽罗瓦群的正规子群，但正十二（二十）面体上保持立体形状不变的旋转所生成的群是一个单群，其阶数为 60，并非一个质数，所以一元五次方程的伽罗瓦群不是一个可解群，因此没有求根公式。

要不然怎么说，数学是“神奇的”呢。一个几何现象在经历“腾挪跌宕”之后，居然和代数中的基本结构产生了联系。世人苦苦寻找那么多年一元五次方程的求根公式，居然是不存在的，而证明不存在的方法，居然可以从保持正多面体不变的旋转方法中得来。

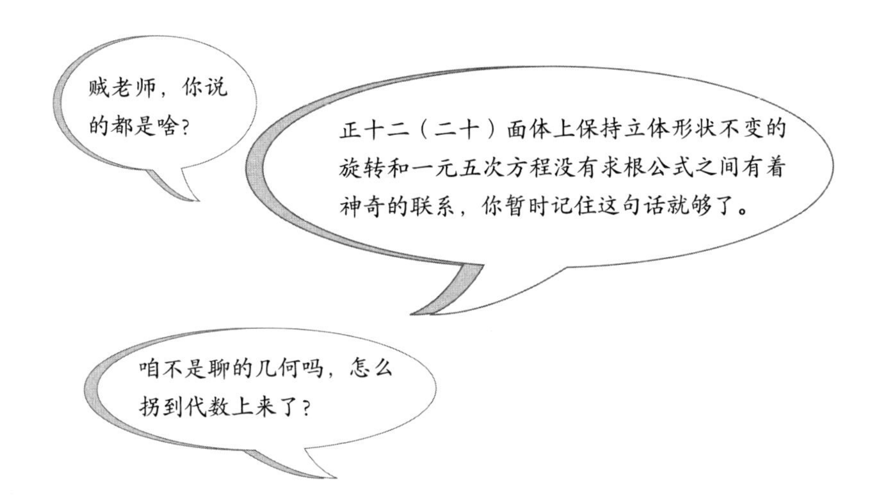


以后，当你再站在镜子前，你看到的会不会不再仅仅是自己，也会有一堆神奇的数学符号？

希尔伯特旅店
美发

# 第8章
# 悖论

数学是思维的体操。

这个比喻实在是恰如其分。大家都看过体操比赛吧？那真是弯过来、扭过去，动不动就在空中旋转两圈外加托马斯全旋……总之，体操给我们观众的感觉就是来回折腾。数学也是一个极其折腾人的玩意儿。能购买和阅读这本书的你，应该起码和数学打了几年的交道，那你也该深知此言不虚。我当年读书的时候，就曾经被要求证明“线性空间中零元素是唯一”（你可以理解为，证明实数中只有一个零）这件事震惊到了。我当时心里的第一个念头就是：这也能证明?

请大家注意，多数人尚处于数学学习的初级阶段，就已经被“烧”到“外焦里嫩”了。不信的话，你可以拿起身边离自己最近的一本数学书，翻上两页，是不是能隐约闻到一股焦味？那么问题来了：多数人学习基本的数学知识尚且如此，那么，当年把数学发展成如此庞大体系的先贤们，他们在探索数学时，又经历了些什么?

答案可能会让普通人悲愤交加：他们或许很享受这个过程。

试想一下，两千多年前还没有现代的数学符号体系，也没有足够的数学工具，甚至连现代意义上便宜、多见的纸张都没有，有人还能做数学题?这就像把赤手空拳的你直接扔去开荒种地一样——土壤也许足够肥沃，但你没有任何工具啊。况且，在两千多年前，对于大多数人来说填饱肚子都是奢望，如果不是出于热爱（估计生活条件可能相对优渥），谁还有力气去研究数学？所以，这些古代的数学先驱能静下心来想数学问题，一点点去挖掘数学真理的时候，估计是不用考虑下顿饭该怎么解决的吧？

他们是不是很聪明？那简直是一定的。在某种程度上，最早的数学家其实就是一群有智慧、对数学极度热忱的贵族，研究数学对他们而言是非常快乐的事情。所以我们千万不要以己度人，觉得研究数学对任何人都是一种痛苦。虽然能够从数学中获得极大喜悦的人不太多，但这样的人确实存在。在生活上没有困难，在学术上没有限制，这些人开起脑洞来，也是惊人的。这一章就来聊聊他们玩的一个很有意思的东西——数学悖论。

“悖论”一词在《中国大百科全书·数学卷》[①] 中的解释是“自相矛盾的命题”。而数学中的悖论是指，在现有的数学规范中发生的无法解决的矛盾，这种矛盾可以在新的数学规范中得到解决。这两者的区别在于，前者可能是无解的，而后者随着数学的不断发展或许能被破解。

事实上，我们很容易举出悖论的例子：

这是一句谎话。

请问，这句话本身是真话还是谎话？如果你认为这是真话，可这句话确实说自己是谎话；如果你认为这是谎话，那这句话就成了真话。是不是很有意思？

也许会有人觉得：这有意思在哪里？不就是一个文字游戏吗？然而，就是这些看起来像文字游戏的悖论，曾经动摇过数学的根基。

① 中国大百科全书出版社，1988 年版。

故事还是要从两千多年前说起。就像猜想和定理，在众多数学悖论中，总有几个比较出名的例子——我挑了一些经典悖论，大家不妨回顾一下。

首先出场的自然是最古老的“芝诺悖论”。芝诺（Zeno）出生在大约公元前 490 年的古希腊埃利亚（Elea），他生活的时代距今已有 2500 多年——从时间上算，他差不多是孔子的孙辈一代人。据说，芝诺也称得上“貌甚伟”，对得起“美貌与智慧并重”这样的赞美。芝诺悖论的名气很大，但它并不是出现在芝诺自己的著作里。将芝诺悖论流传下来的著作之一是亚里士多德的著作《物理学》（*Physica*），西里西亚的辛普利修斯（Simplicius of Cilicia）为这部著作做了注解——这颇像九阳神功被高僧写在《楞伽经》中的故事桥段。艺术源于生活，诚不欺也。

很多人听说的芝诺悖论都是以下版本：阿喀琉斯永远追不上一只在他前方 1000 米的乌龟。悖论中的主角阿喀琉斯是希腊神话中的第一勇士，我们经常听到的譬喻“阿喀琉斯之踵”，说的就是他的故事。相传在阿喀琉斯出生后，他的母亲忒提斯握住阿喀琉斯的脚踝，将儿子浸入冥河。如此一来，阿喀琉斯全身刀枪不入，但唯一没有经过冥河“洗礼”的脚踝成了他的死穴。俗话说得好，头发丝偏偏要掉进绣花针眼儿——阿喀琉斯后来被阿波罗的暗箭射中了脚踝而死，后人就用“阿喀琉斯之踵”比喻致命要害。

第一勇士除了几乎刀枪不入以外，跑得还很快。但在芝诺的悖论中，他却永远追不上一只正常爬行的乌龟。听起来是不是很荒谬？不妨假设乌龟的速度为 1 米 / 秒，阿喀琉斯的速度是 10 米 / 秒。阿喀琉斯让乌龟先爬了 1000 米，自己再出发，当阿喀琉斯跑完 1000 米后，乌龟此时在他前方 100 米，阿喀琉斯只好再次出发追赶乌龟。但是，在阿喀琉斯跑完这 100 米后，乌龟又向前爬行出了 10 米……如此下去，阿喀琉斯发现自己无论怎么努力追赶，都无法真正追赶上乌龟，因为每当他到达上一个目标的时候，乌龟总是会在他前面一点点的地方等着他（图 8.1）。

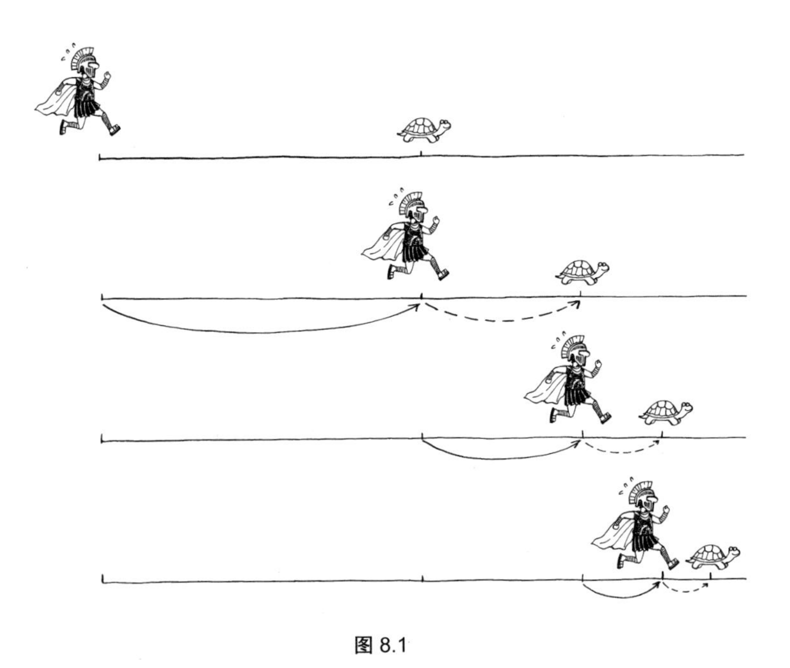

图 8.1

我们当然知道这是一个错误的结论。假设阿喀琉斯和乌龟都跑了 200 秒，此时阿喀琉斯与他出发的位置相距 2000 米，而乌龟与阿喀琉斯出发的位置仅仅相距 1200 米，换句话说，阿喀琉斯不光赶上了乌龟，还远远把它甩在了身后——200 秒难道比“永远”更长吗？

举反例是很容易的，但是，想把支持这个悖论的人驳斥到哑口无言，着实还有些难度。据说，芝诺举了 40 个类似悖论，流传至今的有 8 个，这里再列举两个。

## 一、运动不可能开始

一个物体运动到目的地之前，必须先抵达距离目的地一半的位置。而为了到达一半的位置，必须先到达一半的一半的位置。如此继续划分下去，“一半距离”的数值越来越小，到最后，“一半距离”几乎可被视为零。这就意味着，该物体若要从 A 移动到 B，必须先停留在 A，即物体将永远停留在初始位置（图 8.2）。这颇有我国古代思想家庄子提出的“一尺之棰，日取其半，万世不竭”的味道。

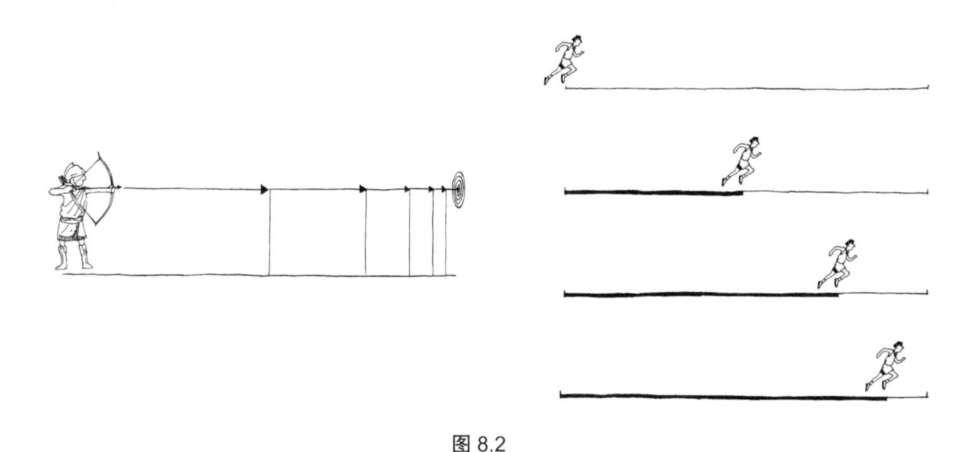

图 8.2

## 二、飞矢不动

想象一支飞行的箭，在每一时刻，它必然位于空间中的一个特定位置。然而，每个时刻不是持续的，既然不是持续时间，根据位移等于速度乘时间，那么箭在每个时刻只能是静止的。整个运动过程可以被看成是由无数时刻拼起来的，而在每个时刻，箭都是静止的，所以芝诺得到以下结论：飞行的箭总是静止的，它不可能运动，即飞矢不动（图 8.3）。

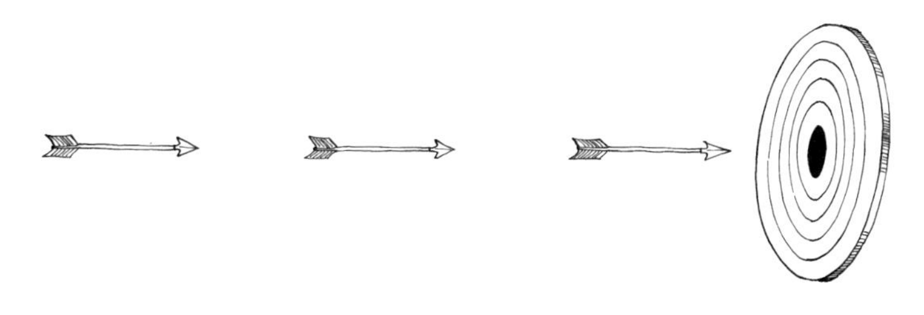

图 8.3

这些悖论直接把古希腊的智者们整疯了。尽管大家都知道这些结论是胡说八道，反驳起来却像“老虎吃天，无从下口”。亚里士多德忠实地记录了这些悖论，虽然他自己也找不到这些悖论的漏洞，但并不妨碍他老人家直接把这些悖论定性为“诡辩”。这直接影响了后世的哲学家，他们普遍认为，芝诺只是个抖机灵的小丑。

虽然我们无法得知芝诺出于什么目的提出了这些悖论，但从现代数学的观点来看，这些悖论中蕴含的数学思想让人啧啧称奇。在阿喀琉斯追不上乌龟和运动不可能开始这两个悖论中，芝诺分别对有限的距离和时间进行了无限的划分，这些距离和时间虽然有无穷多段，但它们的和仍然是有限的。因此，乌龟只能在有限的时间内领先阿喀琉斯，而宏观物体的运动一定会从静止到加速，最终动起来。

在芝诺的时代，人们对于无限和有限的理解是非常浅薄的。如果你学过微积分就会知道，无限个分量的和，可能是一个有限的量，也可能是无限的量，就好比 1，$\frac{1}{2}$，$\frac{1}{4}$，$\frac{1}{2^n}$，…（在本章中，$n$ 都是自然数，以下就不一一说明了）这个无穷数列的和是有限的，无数个 1 组成的数列的和却是无限的。在芝诺那个时代，哪怕是最伟大的数学家、哲学家也想不明白其中的道理。换句话说，只要理解了极限的概念，这两个悖论瞬间就能迎刃而解。

破解飞矢不动悖论的方法，仍然和极限相关。整个飞行过程所用的时间确实可以被看成是无数的时刻拼起来的，但任意两个时刻哪怕挨得再近，那也构成了一个极微小的时段。而在每个时段内，箭都在向前运动。

想深刻理解时间的构成，一个很好的工具就是实数的构造方式。如果你学过一些实分析的基本概念，就很容易理解：任意两个实数只要不相等，它们被对应到数轴上后就是两个点，这两个点之间一定能连出一条线段。所以，实数中没有“挨着”的概念，也就是说，不存在两个实数之间不能连出线段的情况。显然，整数却是一个“挨着”一个紧密相连的，也就是说，在 $n$ 和 $n+1$ 之间没有其他整数。两个有理数之间尽管能插进无数的有理数，但这些有理数只能是一个个点，靠它们自己永远连不成线段。

时间就和实数一样，从一个时刻到另一个时刻，它不能蹦着过去，只能“连续”地过去，所以哪怕两个时刻之间的时段再小，箭也总是要走上一小段的。

解释清楚芝诺提出的这些悖论，需要用到芝诺所在时代以后两千年的数学。虽然芝诺没有在数学层面上解决自己提出的问题，但是，其他人通过深入思考芝诺悖论，理解了更有意义的概念——芝诺不是小丑，称他是“先哲”才是恰如其分的。

讲完了古人的悖论，接下来讲讲希尔伯特的旅馆悖论。作为 20 世纪最伟大的数学家之一，戴维・希尔伯特（David Hilbert）留下的数学遗产不胜枚举。在一次讨论班上，一位年轻的数学家做了报告，其中用了一个很漂亮的定理，希尔伯特边拍大腿边赞叹：“这真是一个妙不可言的定理呀，是谁发现的？”那个年轻人听到希尔伯特这个问题瞬间呆若木鸡，茫然地站了很久后，对希尔伯特说：“就是您老啊。”

希尔伯特的“魔爪”几乎遍布了数学的每个分支，悖论，他自然也不会放过。当然，希尔伯特不是为了创造悖论而研究悖论，这只是他为了帮助世人理解“无穷大”搞出的一个副产品。

在这个故事中，伟大的数学家希尔伯特开起了旅馆。假设这家旅馆内设有有限个房间，某天生意出奇地好，所有房间都住了客人。这时又来了一位新客人想要住宿，此时希尔伯特老板只能表示歉意：本店已经客满了。

但他转念一想，这不行啊，有钱都挣不到。于是，希尔伯特开了一家超级厉害的旅馆，里面有无穷多个房间。大家纷纷慕名而来，结果所有房间也住满了。这时又来了一位新客人，表示想住宿，老板一拍胸脯表示："不成问题!"接着他把 1 号房间的客人移到 2 号房间，2 号房间的客人移到 3 号房间，3 号房间的客人移到 4 号房间……一直这样移下去，新客人就被安排住进了被腾空的 1 号房间。

希尔伯特的这番操作是不是让你目瞪口呆？他的脑洞一旦打开，那就是无止境的。如果你觉得上面这个例子已经很难想象了，那么接下来这个例子可能会让你直接陷入混乱。

我们回到这家有无穷多个房间的旅馆。现在，每个房间都住了客人，这时又来了无穷多位要求住宿的新客人。"各位贵宾，请稍等一会儿，我马上给大家安排房间。"此时，我们甚至已经看见希尔伯特开心地搓起了手——看来，他心里已经有了解决方案。

在我们介绍希尔伯特的解决方案之前，聪明的你不妨试着自己解决一下这个难题。事实上，答案的关键在于如何通过"折腾"现有的客人，腾出无穷多个房间出来，来安置新来的无穷多的客人。

希尔伯特的解决方案是：把 1 号房间的客人移到 2 号房间，2 号房间的客人移到 4 号房间，3 号房间的客人移到 6 号房间……以此类推，这样一来，所有单号房间都被腾出来，新来的无穷多位客人就可以住进去。问题解决了!

还能更"烧脑"一点儿吗？有希尔伯特在，没什么不可以的。现在又来了无穷多个旅行团，每个旅行团有无穷多位客人要住店，此时希尔伯特又该怎么操作呢？只见他依旧不慌不忙。这次他的策略是：让 1 号房间的客人搬到 2 号，2 号房间的客人搬到 4 号……一直到 $n$ 号房间的客人搬到 $2^n$ 号，这样一来，原来的所有客人就被安排好了。

接下来，希尔伯特按照先来后到的顺序开始安排新来的客人。首先，一号旅行团的无穷多位客人分别住进了房号为 3, 9, 27, …, $3^n$ 的房间里；接着，二号旅行团的无穷多位客人分别住进了房号为 5, 25, 125, …, $5^n$ 的房间里。根据希尔伯特的策略，$k$ 号旅行团的无穷多位客人的房间号为 $p$, $p^2$, $p^3$, …, $p^n$，其中 $p$ 为第 $k+1$ 个质数（$k$ 是自然数）。

希尔伯特老板财源广进，客人也有容身之处，可谓皆大欢喜。故事里的人都满意了，作为读者的你，还好吗？

在最后一种情况中，原来所有房间都有客人居住，但在经过希尔伯特的操作之后，6 号房间没人住了，10 号房间没人住了，所有房号不能被写成 $p^n$（$p$ 为质数）形式的房间统统都没人住了，也就是说，原来客满的酒店居然空出无穷多个房间——这可是在塞进了无穷多位新客人之后啊。

有限个房间客满，这种情况很容易理解；无穷多个房间客满，再塞进一位客人住下后客满，这种情况也能勉强理解；无穷多个房间客满，又塞进新来的无穷多位客人后客满，这就有点儿乱了；无穷多个房间客满，又塞进新来的无穷多位客人，这时房间还有空出的……这真让人崩溃：怎么来的客人越多，酒店反而越空？不理解，很不理解。

希尔伯特的旅馆悖论和芝诺悖论的共同点是结论让人无法相信，不同点在于，希尔伯特的旅馆悖论的结论是对的，而芝诺悖论的结论显然是错误的。

想理解希尔伯特的旅馆悖论，必须先弄清自然数到底有多少个。

自然数是形如 0, 1, 2, 3, …的整数。很显然，自然数的个数有无穷多。除了自然数，我们还学过奇数、偶数、质数、合数、正数、负数、整数、分数、有理数、无理数、实数、虚数、复数等数的概念，而上面提到的这些“数”的个数，毫无疑问也都是无穷多。那么这些无穷多有什么不一样呢？

我始终记得当年读大学时，数学专业课老师提了一个触及灵魂的问题：是有理数更多，还是无理数更多？这是我第一次意识到，无穷多是分档次的。这个问题的答案是无理数更多。然后老师又问了一个问题：无理数比有理数多多少个？

答案是出乎意料的：如果把有理数和无理数放在一起，然后随机抽一个数，你会发现抽到有理数的概率为 0（注意，概率为 0 并不是不可能事件，请参看第 3 章）。换句话说，无理数比有理数多太多了，以至于有理数的个数相对于无理数来说可以忽略不计。

接下来回到之前的问题：如何区分这些不同的无穷？

既然我们最早接触的“无穷”之一是自然数的个数，不妨来看看自然数的特点。还记得我们小时候学数数的样子吗？ 1、2、3、4……一个接一个数下去，无穷无尽。当然，你或许也和小伙伴比试过，看谁能说出更大的数。然而，不管对方说出的数有多大，机智的你一定能举出一个更大的数：只要在对方说出的数的基础上加 1 就行了。也就是说，尽管自然数是无穷无尽的，但它们可以按照从小到大排队。

如果一个集合和自然数集之间存在一一映射，那么我们就称这个集合为可数集。是的，就是字面意思，“可数”就意味着这个集合里的元素个数可以数明白，能像自然数集那样排个队。所谓“一一映射”，是指存在一个映射可以使得两个集合中任意一个集合里的元素，都能在另一个集合中找到唯一对应的元素。

从一一映射的解释来看，如果两个集合之间存在一一映射的关系，毫无疑问，这两个集合里的元素个数是相等的。那么，有哪些集合是可数的呢？我们不妨结合希尔伯特对有无穷多个房间的旅馆的操作来看看。

第一次操作，是来了一位客人。很显然，房号是全体正整数，我们发现只要把全体自然数加 1，就得到了全体正整数，这就是自然数和正整数之间的一一映射：记自然数为 $n=0, 1, 2, 3, \cdots$，则正整数为 $n+1$。同时，我们对原来住店的客人也进行编号，每个客人的编号即为其房号。

当希尔伯特把原来的客人纷纷往后挪了一个房间后，他们的编号也从原来的全体正整数 $n+1$ 变为了 $n+2$，而新来的这位客人的编号为 1 号。经过这番操作，在增加了一个客人之后，全体客人的编号依旧和自然数能够形成一一对应（新来的客人是 1 号，原来的客人各自顺延加 1，即从 $n+1$ 号变成 $n+2$ 号，但仍然是全体正整数）。于是，我们得到了一个不可思议的结论：

$$\text{无穷多}+1=\text{无穷多}$$

一旦涉及无穷，事情就会变复杂。如果你说 $9527+1=9527$，相信你的数学老师能把你逐出师门。但对于“可数”无穷来说，加 1 或减 1 都不会改变可数集的大小，因为集合中的元素与自然数是一一对应的，此时，无穷不会受到影响——毕竟这是无穷啊。

第二次操作，是来了无穷多位客人。希尔伯特的操作是让原来的客人住到房号为他们对应编号数的 2 倍的房间中去，实际上，这在无形中完成了自然数到偶数的一一对应：

$$n \to 2n+2$$

也就是说，正偶数和自然数的个数一样多。那么正奇数的个数呢？我们只要稍微运用一下递归就能构造出自然数到正奇数的一一对应：

$$n \to 2n+1$$

是的，正奇数的个数、正偶数的个数以及自然数的个数都是一样多的。

你是不是很难接受这种结论？毕竟，正奇数、正偶数与自然数相比，还少了一个 0 呢。而且，如果说正奇数和正偶数的个数相等，倒是不难理解，毕竟把每个正奇数加 1 就得到了全体正偶数，这个一一映射很容易理解，但是，自然数的个数难道不应该是正奇数或正偶数个数的 2 倍多一点儿吗？然而，我们确实构造出了自然数到正奇数和正偶数的一一映射，所以它们的个数真的是一样多。

趁你还迷茫的时候，我不妨添一把火，再一个问题：一条线段长度为 1，一条线段长度为 2，请问哪条线段包含的点更多？认为长度为 1 的线段包含的点更多的同学，具有很好的逆向思维；认为长度为 2 的线段包含的点更多的同学，具有很好的化归能力。

正确答案是一样多。为了解释这个答案，我们需要构造出这两条线段之间的一一映射。

如图 8.4 所示，把两条线段 $BC$ 和 $DE$ 平行放置，其中，$BC$ 的长度是 $DE$ 的 2 倍，将同侧对应的端点连接并延长至相交，就得到了 $\triangle ABC$。很显然，线段 $DE$ 就是 $\triangle ABC$ 的一条中位线。将顶点 $A$ 和 $BC$ 上任意一点 $P$ 相连，$AP$ 必然和 $DE$ 有一个交点，即长度为 2 的线段 $BC$ 和长度为 1 的线段 $DE$ 之间有一个一一映射，因此，这两条线段包含的点的个数一样多。

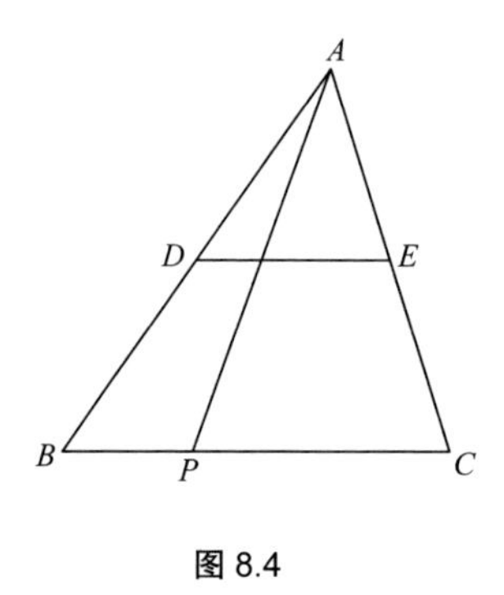

图 8.4

通过这个方法，我们可以知道任意两条线段包含的点的个数都是一样多的——无非是构造不同的三角形。至于两条等长的线段的情形，显然是也是一一映射的。

接下来发散一下思维：线段和射线谁包含的点更多？射线和直线相比呢？线段和直线相比呢？这些问题的答案可能会再次震惊你：统统一样多。这些一一映射的构造在任何一本实分析的教材中都能找到，有兴趣的读者可以自行查阅，这里就不再展开了。

所以，尽管希尔伯特面对的是无穷多位新的客人，但客人的人数显然是可数的，而空出的房间都是正奇数，也是可数的，把客人们安排进去一点儿问题都没有。

最后一种情况可能会让你觉得很疑惑：来了无穷多个旅行团，每个旅行团有无穷多位客人，那不也就是无穷多位客人的情况吗？为什么不直接用上一种情况中的办法，把他们都塞进空出的正奇数号的房间？能这样想的读者其实应该得到一些掌声，只不过，这里有一个小小的问题：无穷多个无穷，还能和所有正奇数形成一一映射吗？

无穷多个无穷当然是无穷，但我们说过，无穷和无穷之间也是有很大差别的。就像前面提到的无理数个数和有理数个数的比较一样：两者都是无穷，但有理数个数的无穷比无理数个数的无穷要“小”。所以，你怎么证明无穷多个无穷面对正奇数个数的无穷，会不会同样被比下去呢？

希尔伯特给出的方案避免了这种窘境。这次他对原来的客人所做的一一对应是：

$$n \to 2^{n+1}$$

这样一来，旅店又空出了很多的房间。尽管旅行团有无穷多个，但总是可数的，而质数显然也是可数的。于是，每个质数对应到每个旅行团，而旅行团里的客人数则对应到质数的正整数次幂，这样，所有新来的客人根据这个规则都能够找到属于自己的房号。

然而，我们又发现一个问题：那些编号为非质数正整数次幂的房间，都空了。比如 6 号、10 号、12 号……也就是说，希尔伯特面对如此大规模的一波客人到店时，不仅把新来的人都安排住下了，而且空出了无穷多个房间。

这都叫什么事儿啊？旅店客满，新来一位客人住下，仍然客满；旅店客满，来了无穷多个无穷多的客人住下，空出无穷多个房间。是不是有点儿乱？不过，这起码让你知道了无穷挺不好惹的。

我们容易产生这样的误解，是因为我们始终把无穷大看成一个数，只不过，是一个很大很大的数。然而，无穷大其实是一种趋势，它是会动的，并不是一个具体的数。我们可以用很大的数去帮助理解无穷大，但这并不意味着无穷大就是一个数，比如，“葛立恒数”确实是一个很惊人的数，却依然不是无穷大。只要“大”停止前进的步伐，变成一个具体的数，它就不再是无穷大了。一个元素有限的集合永远不可能和自身的一部分构造出一一映射，但有无限多个元素的集合有时就可以，比如，自然数和正奇数、正偶数之间的一一映射就是很好的例子。

事实上，从希尔伯特的最后一次操作中，我们还得到一个副产品：可数个可数依然是可数。所以，数学家希尔伯特其实并不想弃学从商，真去开个无穷大的旅馆，他只是希望能有更多的人意识到，无穷大是一件很奇妙的事。

最后，我们终于来到差点毁了数学根基的“罗素悖论”面前。作为曾经获得诺贝尔奖的数学家（诺贝尔奖是不设数学奖的），罗素的一生就是“传奇”。伯特兰·罗素（Bertrand Russell）是英国的哲学家、数学家、逻辑学家、历史学家、文学家，他还是分析哲学的主要创始人，称得上文理兼修。

当然，我最羡慕他老人家的地方还是能活到 97 岁。

罗素在数学上的贡献是奠基性的。与牛顿、高斯、欧拉、黎曼这些数学家做的“硬”数学不同，罗素思考的数学问题看起来更像是哲学问题。然而，就是罗素在这方面的思考差点儿让整个现代数学体系万劫不复。这就好比，同宿舍的舍友们欢天喜地去春游，等大家到了目的地，准备开始一段美好的旅程时，突然，有位舍友问了一句：“咱宿舍的门、窗、水、电都关了吧？”有强迫症的舍友们瞬间就跟触电了一样：“天啊，都关了吗？”事实上，他们已经检查过无数次了。但是，被这位舍友这么一问，大家又开始怀疑了：“我们是不是漏了啥？”然后，舍友们就再也开心不起来了。

罗素就干了这么一件“缺德事”。一般而言，最凶猛的猎手往往都会伪装成“人畜无害”的样子——罗素动摇数学根基，靠的就是下面这个可爱的小故事。

**理发师悖论**

小城只有一位理发师，他是个很有业务能力且有原则的理发师，精通洗剪吹各种造型以及刮脸。但是他有个原则，只帮城里所有不自己刮脸的人刮脸。现在问题来了，理发师可以给自己刮脸么？如果他给自己刮脸，就违反了只帮不自己刮脸的人刮脸的承诺；如果他不给自己刮脸，就必须给自己刮脸，因为他的承诺说他只帮不自己刮脸的人刮脸。

在现实中，这个问题很好解决：理发师放弃垄断地位，再招个理发师进城就行。但是，放在数学里，这比地球被木星逮住了都可怕。

数学有个分支叫集合论，集合论在数学中处于基础地位——高楼大厦的地基。理发师悖论用集合论的语言来描述是这样的：

把小镇上不给自己刮脸的男人看成一个集合，那么这个集合中的元素包含理发师吗？

什么？这看起来太“不数学”了？好，那我们把这句话改写成这样：

*设集合 $S$ 由所有不属于自身的元素 $s$ 所组成，那么 $s$ 是不是集合 $S$ 中的元素呢？*

如果元素 $s$ 是集合 $S$ 的元素，那么它就不具有“不是集合 $S$ 的元素”这个特定的性质，就不是集合 $S$ 的元素；但元素 $s$ 不是集合 $S$ 的元素，又具有“不是集合 $S$ 的元素”这个特定的性质，它就又成了 $S$ 的元素。这就是罗素悖论的数学表达。

这个看起来处处都是矛盾的悖论由罗素于 20 世纪初提出，它的意义在于证明了 19 世纪的集合论是有漏洞的。这几乎改变了数学界在 20 世纪的研究方向。出现理发师悖论的根本原因在于，早期人们对于集合中的元素没有任何限制——集合是个筐，啥都能往里装。

罗素悖论提出后，震惊了整个数学界。毕竟，你盖了一半楼，甲方告诉你要把最顶层给拆了，你最多也就骂骂咧咧一阵，可现在，人家直接把你的地基给刨了，你能不着急吗？

集合论成为系统的理论，有赖于数学家格奥尔格·康托尔（Georg Cantor）在这方面所做的工作。也许是智者千虑必有一失，康托尔在初创相关理论时，自己并没有发现这个悖论。于是，后来的数学家试图对集合定义加以限制来排除悖论，这就需要建立新的原则。

数学家们通过揪头发、熬夜、和同行吵架等方式确定了新原则必须满足以下的原则：一、把康托尔集合论中一切有价值的内容保存下来；二、把不合理的东西扔掉。这个原则翻译成大白话就是：肚子饿了，记得吃饭，然后你就不饿了。

当然，解决悖论的具体操作还是有难度的。经过数学家们的努力，形成了两种主要的解决办法，分别是 ZF 公理系统和 NBG 公理系统。

首先在这个问题上做出贡献的是恩斯特·策梅罗（Ernst Zermelo）。虽然他脾气古怪，但坏脾气掩盖不住他在数学上的才华。他在这一原则基础上提出了第一个公理化集合论体系，很大程度上弥补了康托尔朴素集合论的缺陷。这一公理系统在经过逻辑学家亚伯拉罕·弗伦克尔（Abraham Fraenkel）的改进后，被称为 ZF 公理系统。在该公理系统中，罗素悖论被成功地避免了。除 ZF 系统外，冯·诺伊曼、伯奈斯和哥德尔提出了 NBG（von Neumann-Bernays-Gödel）系统，其中罗素悖论也被成功地避免了。至于这两个系统的技术性细节，相信我，你们不会有兴趣的，不信的话，不妨看下面这段话。

有意思的是，康托尔自己也在集合论中搞了个悖论：考虑一切集合所构成的集合 $V$，设它的基数是 $\lambda$。因为 $V$ 是最大的集合，所以 $\lambda$ 应是最大的基数，但由集合论的康托尔定理可知：每一个集合的幂集具有比该集更大的基数。于是 $V$ 的幂集将有比 $V$ 更大的基数，这与 $\lambda$ 是最大基数矛盾。

看不懂？没关系，只要记住康托尔也搞了个悖论即可，其他细节可以忽略不计，因为以上这些细节，我实在解释不动了……

洛必达
法则
蜂蜜

# 第9章 极值

现在的小孩子应该没有太多机会被蜜蜂蜇了。我在农村长大，小时候为了蜂窝里那点儿蜜不知挨了多少回蜇。那时候，我就觉得蜂巢的结构好整齐，抱着蜂巢啃蜜的时候感到很方便——要是蜜蜂不蜇人就更好了。后来，我从一本书上看到，蜂巢的结构竟大有玄机——按照蜂巢的模式搭建房屋，是最省建筑材料的。我当时就一愣：除了提供甜甜的蜂蜜，蜂巢居然还那么有技术含量？

那时我恰好在读初中，对数学算是有了初步的认识，于是，我很自然地开始思考应该怎么从数学上推导出这个结论。我想了很久——未果，于是我就放弃了。事实上，我第一次看到的结论说，六边形的巢房的钝角为109°28′、锐角为70°32′。我那时觉得，这不对吧？蜂巢的截面不都是由许多正六边形拼起来的吗？每个角应该是120°啊。109°28′和70°32′是从哪儿来的？但资料上也没给出解释，我也没机会再找个蜂巢进行实地勘察，于是就研究未果了……虽然我当年没有能力解答，但是，这个问题已经成功地在我心里“种了草”。在多年后，我仍然会时不时想到这个问题，毕竟，自己掌握的数学工具越来越多，心就越来越“野”，总觉得连蜜蜂都知道的事儿，我怎么会弄不明白呢？

蜜蜂究竟建造了一个什么样的巢？多年以后，我终于见到了图解，也明白了为什么会形成上面说的那两个角度。原来，巢房（蜂巢的每个小单元）

的截面确实是正六边形，但是，它得封个底啊！巢房的底是由三块全等菱形拼接而成的，而每个菱形的两个角是 109°28′ 和 70°32′（图 9.1）——很好，较简单的问题被解决了。

但是，为什么以这个角度搭建的巢房最省材料呢？

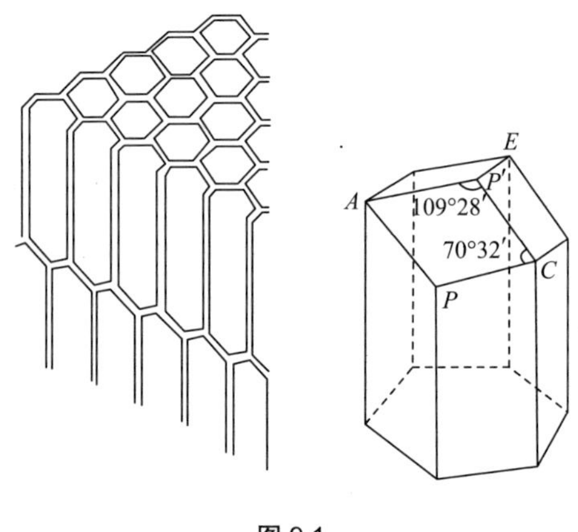


图 9.1

我们在讲对称时提到的等周不等式，你还记不记得？

啊，就是那个寻找最大面积的问题……听起来好简单，但其实不容易。蜂巢问题看着就麻烦，估计一定更棘手吧。

可不是嘛。等周不等式起码理解起来是很容易的，但蜂巢问题光描述就让人摸不着头脑，解决起来不是更麻烦吗？然而，彻底解决等周不等式的问题花了数学家们将近两千年的时间，我们不清楚人们解决蜂巢问题具体花了多少时间，但肯定不会太长。这个角度最早是由法国 - 意大利天文学家贾科莫·马拉尔迪（Giacomo Maraldi）在 18 世纪初测量的——不明白他为什么会想到去测量这个角度。而后，法国物理学家和自然博物学家勒内－安托万·德·雷奥米尔（René-Antoire de Réaumur）在研究昆虫时猜测，以这样的角度建造的蜂巢会让建筑材料最节省且容积最大。之后，德国数学家约翰·柯尼希（Johann König）解决了这个问题。

柯尼希经过计算发现，以最少建筑材料建造最大菱形容器，菱形的角度应该是 109°26′ 和 70°34′，和蜂巢的实际角度差了 2 分。结果计算出来以后，关注蜂巢结构的人都惊呆了，这小小的蜜蜂也太神奇了，巢房的角度和理论值之间的误差居然这么小！

后来，苏格兰数学家科林·麦克劳林（Colin Maclaurin）重新计算了一次，得出的结果恰好是巢房结构的角度。柯尼希的计算结果差了 2 分，是因为他用的对数表出错了——“粗心”就等于“不会”，膜翅目蜜蜂科的选手蜜蜂，打败了灵长目人科的顶尖选手。事实上，无论是天文学家还是物理学家，他们的数学基本功肯定都还不错，无非是在把现实问题转化为数学问题时，有时会碰到一些瓶颈。事实上，解决这个问题需要用到的数学并不复杂。

将巢房底部的每个菱形一分为二，和巢房的 6 个侧面拼成了 6 个全等图形（图 9.2）。而每个全等图形的面积可以被视为一个梯形和一个倾斜的三角形的面积之和。然后，利用勾股定理，并且设个参数，我们就能够把单个图形面积表示为单个参数的函数的形式。剩下的事情就很“简单”了，直接进行求导，就得到了函数取最小值时参数的值，再利用三角函数即可求得菱形的每个角的具体度数了。

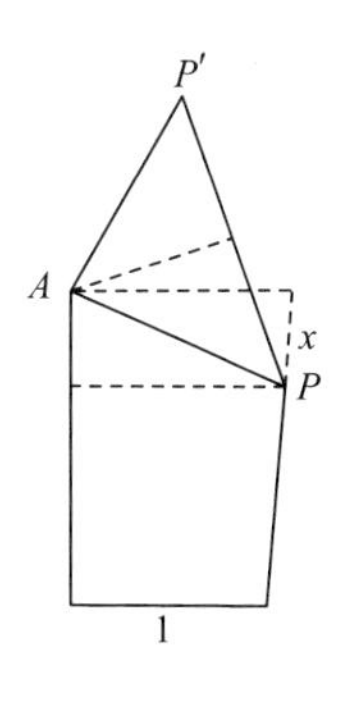


图 9.2

只要叙述清楚或给定数学模型，对于一位普通大学生，甚至是数学水平优秀的高中生，都可以轻松搞定这个问题。但是，我们的“对手”居然是被很多人视为“低等动物”的蜜蜂，而且，这些小家伙居然领先人类不知道多少年就得到了如此精妙的结果，不由得令人感慨大自然的智慧。

其实，大自然一直是偏爱极值的。只要我们用心观察就会发现，在生活中，极值无处不在。比如，“两点间的距离线段最短”是欧氏几何中的一条基本公理——它被默认为是对的，而且无法证明。借助“线段最短”的性质，人们把直线的概念延拓到了一般曲面上。看过我国空间站上的“天宫课堂”的读者可能记得，当航天员把水珠放在失重的环境中时，它会呈现出完美的球形，因为这种状态下，水珠的表面张力最小。将一个歪七扭八的金属导体放入一个奇形怪状的静电场中，观察它的面电荷分布，就算让世界上算力最强的计算机进行模拟，也要花上相当长一段时间才能得到结果，然而，大自然却几乎能毫无延迟地展现电荷分布，使得其总体能量最小。

当然，在日常生活中很难直接观察到这种物理现象，那我们不妨来说一说最常见的物理现象——光。毫无疑问，光是没有大脑的，但光在“偷懒”方面的造诣却远超人类。假设我们步行去某地，在潜意识里，我们一定希望选择路径最短、耗时最少的路线，但在实际过程中，我们很难走出理论上的最短路径——光却可以。从光所经过的轨迹中任意取两点，光通过这两点之间的光路，用时一定不多于通过其他任意一条连接这两点的曲线（包括线段）。

所以，光在同一种介质中一定是走直线的，而当光从一种介质转入另一种不同介质时，就会发生折射。此时，光虽然不走直线了，但依然会“偷懒”。

假设光从介质甲中的 $A$ 点以速度 $v_1$ 出发，入射角为 $\alpha$；经过折射后到达介质乙（此时光速为 $v_2$，折射角为 $\beta$）中的 $B$ 点，中间的水平直线是不同介质的分界线（图 9.3）。我们很容易计算出光从 $A$ 点到 $B$ 点所用的时间，但你会发现，这个时间并不是一个确定的值，因为我们并不知道发生折射的点 $P$ 的位置在哪里。

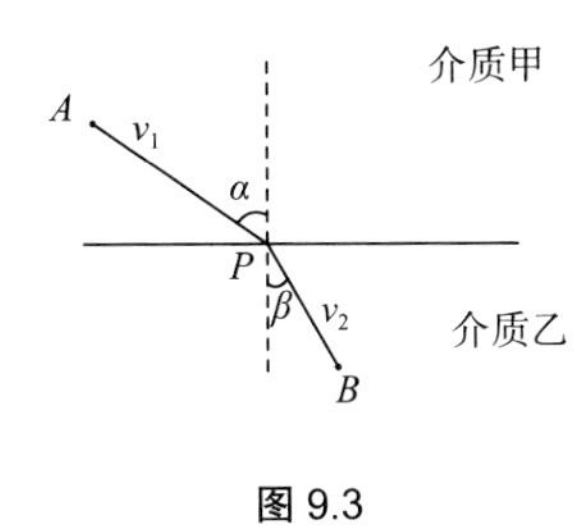


图 9.3

记住，光是很“懒”的。所以，如果我们把时间看成一个函数，此时只要求出该函数的最小值即可。

通过构造数学模型，我们很容易计算出时间 $t$ 关于 $x$ 的函数（各字母意义如图 9.4 所示）：

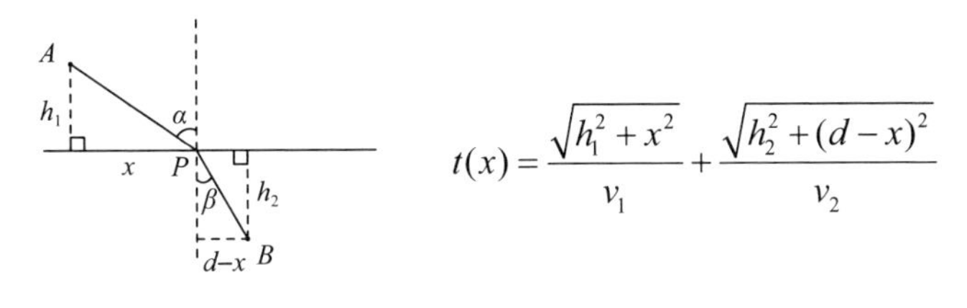


$$t(x)=\frac{\sqrt{h_1^2+x^2}}{v_1}+\frac{\sqrt{h_2^2+(d-x)^2}}{v_2}$$

图 9.4

然后通过求导求极值，使得 $t'(x)=0$ ，得到：

$$\frac{v_1\sqrt{h_1^2+x^2}}{x}=\frac{v_2\sqrt{h_2^2+(d-x)^2}}{d-x}$$

整理可得：

$$\frac{v_1}{v_2}=\frac{\sin\alpha}{\sin\beta}$$

最早提出光路耗时最短的人是法国数学家费马——是的，就是提出费马猜想的那个费马。而得到光的折射定律的是荷兰人维勒布罗德·斯涅尔

（Willebrord Snell），因此，折射定律又被称为斯涅尔定律。

这些例子还是难了吗？有没有小朋友也能听明白的故事？那就要说说肥皂泡的故事了。

我们用铁丝箍个环，把它往肥皂水里蘸一蘸，取出铁环后，就能看见铁环中有一层肥皂薄膜。这层薄膜大有来头，如果我们把薄膜看成一张曲面，那么，在所有以这个铁环为边界的曲面中，这层薄膜的表面积最小。

举例来说，如果把铁丝拧成一条封闭的平面曲线（比如圆），那么浸泡肥皂水后得到的薄膜一定是平面的一部分——毫无疑问，哪怕有一点点小突起，也会增加其表面积。我们把封闭曲线所围成的曲面面积的最小值问题称为极小曲面问题。数学工作者都有"通病"，比如，如果拿到这类话题，那他们的第一反应必然是提出这样两个问题：

- 对于任意的封闭曲线，是否一定存在对应的极小曲面？
- 极小曲面如果存在，它是否唯一？

这两个问题其实相当困难，极小曲面用微分几何的术语来描述是这样的：极小曲面是指平均曲率为 0 的曲面——对大多数人来说，这恐怕是"每个字都认识，连起来却不大明白什么意思"。这么一对比，你是不是觉得面积最小问题容易理解多了？

要知道，随手这么一扭铁丝，是很容易的，但写出它所围成的封闭曲线的函数表达式，并不容易，更何况是把这层薄膜的表达式给写出来。然而，大自然根本不需要什么表达式，你要做的就是把铁丝环伸进肥皂水，极小曲面就生成了。

如果我们结合数学工具分析上述现象，就会发现大自然似乎是一个重度强迫症患者：它不喜欢所谓"中庸之道"，永远追求"成本"最小。让数学家和物理学家感到尴尬的是，他们只能解释在这种状态下确实能得到极值，但他们无法解释为什么这恰好就是极值——真是蜜蜂都能活活把人气死。

所以为了挽回尊严，数学家必须找点儿自己能掌握的极值情况。大概是在大自然的智慧的启迪下，他们提出了一个很有意思的东西——最速降线。

1696 年，瑞士数学家约翰·伯努利（Johann Bernoulli）在写给他的哥哥雅各布（Jacob）的一封“公开信”中提出了一个问题：设 $A$ 和 $B$ 是铅直平面上不在同一铅直线上的两点，在所有连接 $A$ 和 $B$ 的平面曲线中，求出一条曲线，使仅受重力作用且初速度为零的质点从 $A$ 点到 $B$ 点沿这条曲线运动时所需时间最短（图 9.5）。

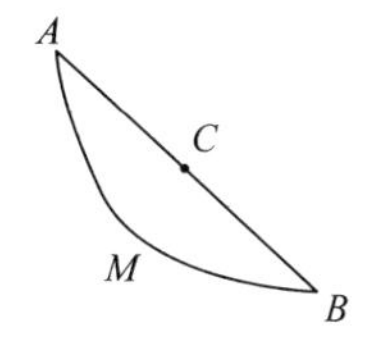


图 9.5

事实上，早在 1638 年，伽利略就提出过这个问题，他还给出了自己的答案。伽利略认为这条曲线就是一条圆弧——很显然，这是错误答案。不过，考虑到那时候连微积分都没有，伽利略犯这种错误完全可以理解（就算有了微积分，犯点儿错也是很正常的事情）。

伯努利家族对数学发展的“直接贡献”是先后出了十几位数学家。比如，除了约翰和雅各布兄弟这两位伯努利家族的杰出代表，还有一位丹尼尔·伯努利（Daniel Bernoulli），他是约翰的儿子。这三人是伯努利家族中最优秀的三位数学家了。我们都知道“家学渊源”这个词，比如，中国历史上的一位圣人王阳明，他爹王华是状元，王阳明自己在科举考试中也位居二甲前列。再如，书法家王羲之的儿子王献之也是大书法家。但一般来说，一个家族出三五个俊杰就已经很了不起了，像伯努利家族这样出了一大家子数学家的情况，放眼世界数学史，也独此一家。

伯努利们自己搞了一大堆数学理论、技巧和方法，而他们对数学的“间接贡献”则是带出了一大批本家族以外的优秀数学家门生。约翰·伯努利的学生包括欧拉（是的，就是那个欧拉）、加布里埃尔·克莱姆（Gabriel Cramer，他提出了线性方程组的克莱姆法则）、洛必达侯爵（Marquis de l' Hôpital，他提出了高等数学里的洛必达法则——这里面的故事我们稍后会讲）等人。至于约翰自己的老师（好吧，这不能算作他对数学的贡献了）也是一个不能不提的名字：莱布尼茨——对，微积分的发明人之一。这个师生关系阵容不禁让我想起了关云长：兄玄德、弟翼德，德兄德弟；友子龙、师卧龙，龙友龙师。要是在那个年代有朋友圈，约翰·伯努利的朋友圈估计天天要被“今天我又发现了一个定理”这句话刷屏了。

在约翰·伯努利的高徒中，不得不提一下洛必达侯爵。此人是一位法国贵族，酷爱数学，后拜约翰·伯努利为师。跟着这样的名师学习，洛必达侯爵一开始是开心和激动的，可学着学着，他就崩溃了——学得越多，他就越清楚老师有多强，而自己一辈子也不可能追上老师的步伐，更不可能超越老师的才华。但是，侯爵有“钞能力”啊！不甘心的他在1695年给约翰·伯努利写信，表示愿意每年给恩师300里弗尔（相当于136千克白银），外加200里弗尔作为之前给他辅导数学的额外报酬，但他提了一个条件：从当下开始，约翰·伯努利要定期告诉他一些最新发现，但这些事不能告诉其他人。

偏偏在那时候，约翰·伯努利刚结婚，囊中羞涩。所谓“人穷志短”，这位大数学家虽然觉得这有失体统，但还是答应了学生的请求——毕竟洛必达侯爵给的太多了，300里弗尔在今天换算一下大约也值70万元人民币呢……于是，约翰·伯努利定期把自己的新发现寄给学生，其中就有“洛必达法则”。

1696 年，洛必达侯爵把从恩师处买来的成果，结合自己的一些研究整理成书，出版了世界上第一本系统介绍微积分的教科书——《阐明曲线的无穷小分析》（*Analyse des infiniment petits pour l'intelligence des lignes courbes*）。这本书全面阐述了微积分相关的基本概念，在客观上，对当时刚刚创建的微积分理论起到了很好的传播作用。而在这本书的第 9 章里，就出现了今天大家耳熟能详的洛必达法则。

在洛必达侯爵死后，约翰·伯努利反悔了。毕竟洛必达法则实在是太好用了。在洛必达侯爵多年的资助下，想必约翰·伯努利的经济状况也得到了大幅改观。况且，这位学生也已经作古，于是，约翰·伯努利公开了自己和学生之间的往来书信，表示洛必达法则是自己的研究成果，只不过被卖给了洛必达侯爵而已。

然而，欧洲的数学家们可不吃这套，他们纷纷表示，约翰·伯努利是顶尖数学家不假，但他玩这套“吃了吐、吐了吃”就不地道了。整个数学界一致认为，洛必达侯爵的行为是正常的商业行为，银货两讫，师生二人谁也不欠谁的。再说，他约翰·伯努利有那么多的成果，让出来一个怎么了？因此，洛必达法则从此就这么叫了下来。

老子如此了得，儿子也是个狠角色。约翰·伯努利的儿子丹尼尔在年轻时，曾在一次外出旅游期间和一个陌生人闲聊起来，他自我介绍叫丹尼尔·伯努利。结果那位陌生人放声大笑说：“你是丹尼尔·伯努利？那我就是艾萨克·牛顿！”年少成名也不过如此吧。

事实上，弟弟约翰和哥哥雅各布·伯努利二人在数学研究这件事上，一直看不上对方，所以弟弟“公开”向哥哥叫板，为的就是让雅各布丢脸。最后，约翰收到了好几份答案，其中有他自己的（自问自答，他可真会玩）、莱布尼茨的、洛必达侯爵的（这次他没花钱，是自己做出来的，所以人家还是有实力的），当然，哥哥雅各布也做出来了。

在众多来信中，有一封匿名信最特殊：信上盖着英国的邮戳……换成普通人，如果在参加有奖问答时选择匿名答复，那想来，这人应该是怕自己万一答错了，会不好意思吧。然而，这位寄信人是牛顿。牛顿的逻辑一定是：如果你看不出这么优秀的解答是我牛顿做的，那你压根儿不配在科学家的圈子里混。果不其然，牛顿的强大气场让约翰·伯努利瞬间认出了作者，并心怀敬畏地说："我从它的利爪上认出了这头狮子。"

据说，牛顿看到了伯努利的题后浑身难受，用他自己的话说就是："我不喜欢被外国人在数学方面纠缠和取乐。"牛顿从造币厂下班回家后，直接熬了个通宵，就把最速降线问题搞定了——真不愧是被物理学选中的人，一言不合就"暴力"破解。要知道，牛顿当时已经 50 多岁了，而研究数学有时候和练武术一样——拳怕少壮。这也是牛顿花了整整一晚上才解出答案的根本原因，可能年纪大了，需要更多时间热身吧？如果这件事发生在牛顿科研生涯的鼎盛时期，也就是在他二十来岁的时候，那他可能用一顿饭的工夫就搞定了。人类的科学之光，名不虚传。

在众多解答当中，还是约翰·伯努利的方法最巧妙。他采用了光路最短原理，一下子就做了出来——极尽"优雅"之能事。不过，他花了半个月时间才解决这个问题，比起牛顿嘛……当然，能和牛顿相提并论，已是无上的荣誉，就不要在意输赢这种小事了。

弟弟如此了得，哥哥雅各布自然也不甘为人后，他的做法真正体现了数学上的突破。通过解决这个问题，他开创了变分法。随后，变分法被欧拉发扬光大。如今，变分法已经成为一个非常重要的数学工具。

又讲了这么多故事，我们还是快快回到最速降线问题本身吧。

如果你从未接触过这个问题，就会很容易认为，从 $A$ 点到 $B$ 点拉一条直线，就是最快路径（见前图 9.5）。

平面上两点之间线段最短，这是公理；而既然说到“路程最短”，那想来用时也应当是最短。假设你真这么想，请一定不要害羞，毕竟我当初刚刚拿到这个问题时也是这么想的。只不过，我的优势在于经验丰富：这么有名的问题，如果我拉条线段就解决了，那它一定不配在数学史上留下自己的名字，所以，这个想法必然是错的。而我们刚才聊到了光路最短，这里的“最短”并不是指光走过的距离，而是时间。因此，这个问题绝不会这么简单就被解决。

理论上，有无数条曲线可以把 $A$ 点和 $B$ 点连接起来。如果判断质点沿着其中哪条曲线降速最快，那么首先应该考虑最简单的情况，即作线段 $AB$。即便在这种情况下，当质点下滑时做匀加速直线运动时，速度也是每时每刻在变化的。好在，这种变化的规律比较容易计算，我们只要用一点牛顿经典力学的知识就可以解决。

然而，路径一旦变成曲线，时间该如何计算呢？很难啊。事实上，哪怕你能写出质点的位移关于时间的函数，也不一定能把时间关于位移的表达式给解出来。何况，有一条曲线就得算一次时间，无数条曲线可怎么办呢？所以，我当初果断放弃了——牛顿花了一晚上才能解决的问题，我凭什么能解决呢？

虽然我的思路是错误的，但不是没有借鉴意义——穷举法，行不通。那该怎么办呢？能量守恒是必须的，当质点下落的时候，其重力势能转化为动能，然后……就没有然后了。还是那句话，想不出来完全没必要气馁。接下来，就让我们怀着敬意，看看那些顶级数学家们的表演吧！

首先出场的是约翰·伯努利，我们看看，他是怎么利用光路最短来解决这个问题的。根据折射定律，当一束光从光密介质进入光疏介质后，速度会增大，同时，入射角小于折射角。约翰·伯努利把质点从上到下的滑落想象成一束光从上到下，经过层层介质（介质逐渐从密到疏）后传播。由于光的传播路径用时最短，因此只要跟着光走，那么光的行进曲线就是他想要的最速曲线。

现在的问题是，该怎么找介质？又该如何确定这种介质中的“光速”呢？当质点下落时，速度始终在变化，并不存在恒定不变的一段时间，这看起来和光速在同种介质中保持不变矛盾。然而，光速在同种介质中保持不变显然是没问题的，于是我们只能用一些办法来处理速度始终变化这个问题。

怎么处理？我们虽然没有亲见约翰·伯努利的操作，但可以合理猜测，他应该也经过了这个过程：既然始终变化有困难，那么能不能先把整个过程分割成若干小段，假设在每一小段时间内质点的速度不变，然后再把每段不变的时间缩短，一直缩到短无可短，这样不就变成了速度时刻都在变化了？

等一等，这怎么又回到极限的路上去了？事实上，要解决一个难题，很少有只靠一种数学思想就能成功的时候，多种数学思想共同作用才是常态。

假设在某一时刻，质点下落到曲线上的某个位置，此时该点下落的高度为 $h$，切线与铅垂线的夹角为 $\theta$，由能量守恒定律，直接得到：

$$v=\sqrt{2gh}$$

而经过一段极短的时间 $\Delta t$ 后，切线与铅垂线的夹角变为 $\theta+\Delta\theta$，下落的高度变为 $h+\Delta h$，类比光的折射定律，得到：

$$\frac{\sin\theta}{\sqrt{2gh}}=\frac{\sin(\theta+\Delta\theta)}{\sqrt{2g(h+\Delta h)}}$$

即曲线方程为 $\frac{\sin\theta}{\sqrt{2gh}}=\text{Const}$ ，其中 Const 为常数。

我们习惯用 $x, y$ 来表示曲线方程，所以，或许这个结果不太令人满意。然而，如果换个角度来看，这个表达式马上就会变得优美起来。

将一个轮子（图 9.6 中的小圆）放在水平线上，其中 $P$ 是轮子在初始位置时和水平直线的切点。接下来我们将考察 $P$ 点的运动轨迹。我们让圆开始沿水平线滚动，当 $P$ 点再次和水平线相切时，此时圆恰好滚过一周，而 $P$ 点运动的轨迹恰好就是曲线方程为 $\frac{\sin\theta}{\sqrt{2gh}}=\text{Const}$ 的图像（图 9.6）。

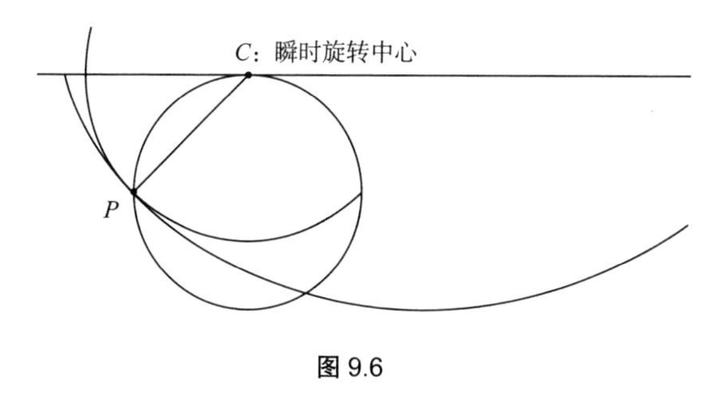


图 9.6

我们再考察另一个特殊的点 $C$。$P$ 是圆上固定的点，与此不同，$C$ 点表示在每个时刻，圆与水平直线的切点。不同时刻的 $C$ 点都是圆上不同的点。连接点 $C$ 和点 $P$，$P$ 的轨迹曲线在一点处的切线显然与 $CP$ 垂直，切线与轮子（小圆）的交点为 $Q$，连接点 $C$ 和点 $Q$，则 $CQ$ 必然为圆的直径 $D$（图 9.7）。

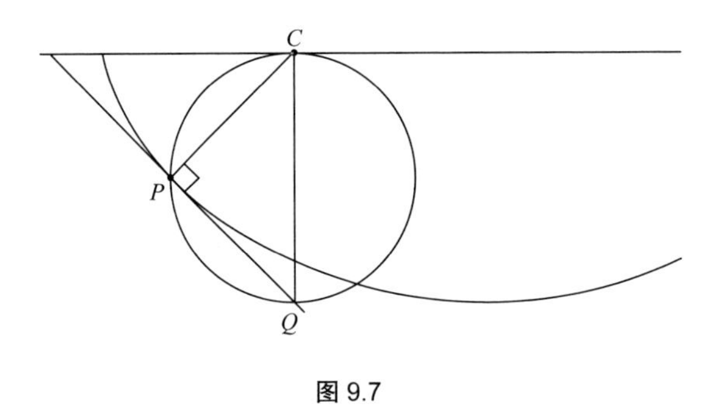


图 9.7

设水平直线与 $CP$ 的夹角为 $\theta$，根据简单的相似关系我们可以得到 $P$ 点到水平直线的距离 $y = D\sin^2\theta$（图 9.8）。你看是不是都对上了？

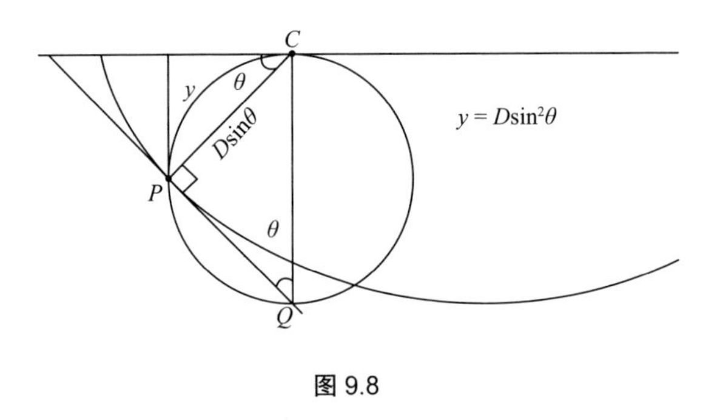


图 9.8

$P$ 点的轨迹被称为摆线，这也是最速降线的答案。约翰·伯努利的这个做法非常漂亮，也很简洁，只要你懂折射定律和相似三角形的概念，就能听明白。但是，咱们自己想是轻易想不到的，这就像一道极难的平面几何题，参考答案中加了 18 条辅助线，你或许能看懂，但真要自己做却束手无策。

我们再来看看哥哥雅各布·伯努利带有变分法萌芽的解法。

什么是变分法？变分法是研究泛函的极值的办法。所谓泛函，就是指函数的函数。我们之前学习的函数的自变量是数值，而泛函的自变量是函数。

什么是泛函的极值？就是泛函的定义域中存在某个函数，这个函数在某一点处的取值不大（小）于泛函的定义域中其他任意函数在任意点处的取值，那么这就是泛函的极值，而变分法就是一种寻找能够取这个极值的函数的方法。

求函数这个事情一直以来都是难题。比如，给出不共线的三点，求经过这三点的曲线的函数表达式。你可能下意识地就觉得这是个圆，毕竟过不共线的三点可以作唯一的圆，但这可不可以是二次函数呢？这就有两种可能了吧，而且你会发现，有无数个三次函数的图像能够满足过这三个点（还可以列出三个方程，但有四个未知数），所以，求函数不是那么容易的事。

对我们来说，没有任何限制的函数也是不需要的，好在，变分法的目标是求极值函数，这就很值得花点精力来尝试。变分法的原理很简单，可以视为普通函数在导数为 0 处可能有极值的升级版。通过一系列推导之后，就得到了欧拉—拉格朗日方程，这是泛函取极值的必要条件。

雅各布·伯努利的做法其实就是变分法在解决最速降线问题时的具体应用。当然，雅各布·伯努利并没有把这一做法推广到一般情况——显然，推广工作是由欧拉和拉格朗日完成的。欧拉—拉格朗日方程是由欧拉在 1736 年用折线逼近曲线得到的。在 1744 年的一本著作中，欧拉用这种方法解决了大量的泛函的极值问题。拉格朗日的贡献呢？现在我们普遍采用的方法是拉格朗日在 1755 年提出的，这个方法也更容易让我们这些凡人所理解。

要使用变分法，首先我们构造出时间 $t$ 的泛函。然而在开头的分析中也提到了，时间 $t$ 关于质点下落高度 $y$ 的函数是很难写的——只不过，这是对我而言。对于这些“力拔山兮”的数学家来说，有的是办法变通。他们把时间 $t$ 写成了关于 $y$ 的积分形式，然后 $y$ 又可以写成关于横坐标 $x$ 的函数，这

样就构造出了时间 $t$ 关于质点在铅直方向上的位移 $y$ 的泛函。

雅各布·伯努利通过变分法得到了一个常微分方程，通过求解，得到了最速降线的参数方程形式：

$$\begin{cases} x = R(\theta - \sin\theta) \\ y = R(1 - \cos\theta) \end{cases}$$

其中 $R$ 为生成摆线的圆的半径。

最速降线问题之所以重要，也是因为它催生了变分法这个重要的数学工具。

还记得在第 7 章中，我们聊过的等周不等式吗？事实上，这个问题第一次被真正解决，就是德国数学家魏尔斯特拉斯采用了变分法。他在找出了施泰纳的漏洞之后，又亲自把这个漏洞堵上了。

等周不等式的难度要比最速降线大一些——这是一个有约束条件的问题，即曲线的周长相等。

在用对称的方法解决等周问题时，我们只能把问题解决到“如果解存在，那么简单闭曲线一定是圆”，却无法证明解的存在性，而用变分法就完全不存在这个漏洞。在使用变分法后，证明过程最后一定要转化成微分方程，如果微分方程的解存在，就表明问题的解存在，反之则问题无解。要知道，在数学中，存在性的证明也是让人头疼的一件事情——有时候，数学家甚至都没意识到自己会头疼。正如施泰纳，他自己都没发现“存在性”这个漏洞。

我们再把目光聚焦到测地线上。第 5 章说过，曲面上的测地线就相当于平面上的直线，这意味着，测地线有局部最短的性质：在测地线上取两点，在局部范围内，这两点之间的距离最短。既然加了“最”字，那么变分法就有用武之地了——求测地线方程，不就相当于求连接曲面上两点的最短曲线的方程吗？

测地线问题，是约翰·伯努利在 1728 年通过信件向欧拉提出的，很快，欧拉就给出了测地线方程。

数学家们不仅仅在数学领域极尽“腾挪跌宕”之能事，还把变分法不断渗透到物理学中，取得了一系列的成果。威廉·哈密顿（William Hamilton）把德·莫佩尔蒂（de Maupertuis）、欧拉、拉格朗日等人的最小作用原理推进一个崭新的阶段，提出了稳定作用原理。根据该原理，可以推演出各种力学问题的运动规律。在哈密顿的工作的鼓舞下，人们纷纷把变分法运用到其他数学物理分支中，如弹性力学、电磁理论、相对论、量子理论，取得了丰硕的成果。人们还用变分法解决了振动系统的本征频率问题、散射问题等。

在变分法的发展过程中，许多顶级的数学家都做出了自己的贡献，包括但不限于雅各布和约翰·伯努利、欧拉、拉格朗日、勒让德、希尔伯特……这里，我特别想再提一下希尔伯特。众所周知，希尔伯特在 20 世纪初的巴黎国际数学家大会上提出了引领整个 20 世纪数学发展的 23 个问题，其中就有不少问题和变分法有关，比如第 19 个问题：正则变分问题的解是否总是解析函数？以及第 23 个问题（这个问题其实是一个建议）：进一步发展变分学方法。

然而，人类尽管有了这么强的数学工具，还是无法解释为什么蜜蜂居然知道把蜂巢建成那种特殊的角度。还好，我们能证明为什么这种结构最省建筑材料——勉强和这些小家伙打个平手吧。

马克斯·普朗克研究所
小魔群
大魔群
盐
酱油
超强

# 第 10 章

# 分类

我见过一道非常离谱的“数学题”，题目是这样的：把从 1 到 10 这 10 个数分组，1、3、7、8 一组，10 一组，5 和 9 一组，2、4 和 6 一组，为什么要这样分？我当时想了很久，也看不出个子丑寅卯，只能求助参考答案，结果答案告诉我，这是按照每个数的读音的拼音声调的一声、二声、三声和四声来分的。我差点儿气昏过去——这哪儿是数学问题，分明是脑筋急转弯啊！

我们在生活中习惯把具有相同性质的物品归为一类。比如，厨房里锅、碗、瓢、盆算一类，调味品算一类，菜刀、水果刀、斩骨刀算一类……这么做的好处显而易见，除了看着整洁，我们还能节约大量找东西的时间。当然，生活中一个极致化的分类的例子就是图书馆的图书分类。图书馆管理员们有着一套非常严格的分类标准，能把各种书安排得明明白白，让人不需要花很多时间，就能在庞大的图书馆里找到自己想要的书。

当然，分类这件事在个人生活中没什么统一的标准，大多以个人喜好和实际功效为准。就像上面所讲的厨房用品，就是按照工具的用途进行分类的，当然，你也可以按照工具的材质进行分类：不锈钢的一类、陶瓷制品一类、木制品一类……只要你觉得找起来不费劲儿，这都不是什么太大的问题。

所以，数学家也想把数学中的一些“小玩意儿”分个类，是不是就很好理解了呢？接下来让我们一起来看看，数学家是怎么把常见的数学概念分门别类的。

希望读到这一章时，你已经具备一定的数学素养了，那么，面对这项光荣而艰巨的任务——分类，你会从哪里入手呢？经过一番深思熟虑，你的回答很可能是：从最简单的地方入手。若果真如此，那么恭喜，你还真有点儿数学素养了。

对于一个普通人来说，数是整个数学体系中最简单的内容，而数中最简单的内容是什么呢？自然是整数。所以，如果你真的打算尝试在数学中分类，从整数入手是个不错的主意。那么，最简单的整数分类是什么样的呢？没错，就是奇数和偶数。能被 2 整除的整数称为偶数，不能被 2 整除的数称为奇数。

对普通人来说，这样分完就完了，但对于数学家来说，还是远远不够的。这群“魔鬼”在挖掘数学规律的时候往往无所不用其极，而且完全不给后来者“活路”，以至于很多年轻的数学工作者往往面临这样的窘境：如果你发现一个问题很有意思，并觉得自己有能力解决，那么基本上可以肯定这个问题早就被人解决了，只是你不知道而已；或者，你一开始就想错了；或者，这个问题对数学界来说根本不值一提。但如果你发现一个问题很有意思，却自知没有能力解决，那么很可能它就是难到没人能解决，或者，它已经被解决了，只是你不知道而已。

事实上，一个整数除以 2，余数只能是 0 或 1。很显然，当余数为 0 时，被除数是偶数；当余数为 1 时，被除数是奇数。这两类数不存在交集，也就是说，没有一个数既是奇数又是偶数。大家应该已经知道以下结论了：

- 两个奇数的和（差）是偶数；
- 两个奇数的积是奇数；

- 两个偶数的和（差）是偶数；
- 两个偶数的积是偶数；
- 奇数和偶数的和（差）是奇数；
- 奇数和偶数的积是偶数。

而乘法（积）是比加、减法（和或差）更高级的运算，我们暂且放在一边，先来看两个数的加、减法。

我们把所有整数分成奇偶两类以后，加（减）法的情形一共有三类：奇奇、偶偶、奇偶。其中，第三种奇偶不太值得关心——分类，本质上就是为了研究同种事物的特殊性质，如果仍然把这两类东西混合起来，那为什么还要分类？于是，我们的重点自然要放在前面两类上。

两个偶数之间加、减，结果仍然为偶数；两个奇数之间加、减，结果的奇偶性就变了。这些结论很容易证明是正确的，而你应该对这种情况很感兴趣——因为很反常啊。数学研究就是在一般规律和特殊情况之间反复跳跃，这两类情况都是数学家感兴趣的话题。

既然我们可以把所有整数按照“除以 2 后得到不同的余数”进行分类，那么，可不可以按照除以 3 后得到不同的余数进行分类呢？当然可以。通过这种方法，我们可以把所有整数分成三类，即：

$$3p,\ 3p+1,\ 3p+2$$

其中 $p$ 为整数。同理，我们还可以把所有整数按照除以 $n$ 后得到不同的余数进行分类，此时，所有整数分成 $n$ 类，这些数的余数分别为 0, 1, 2, …, $n-1$。

然而，只要做一些简单运算，我们就会发现事情并不似想象中那么容易。

- 如果两个整数都属于 $3p$ 这一类，那么无论加、减，其结果都属于 $3p$；
- 如果两个整数都属于 $3p+1$ 这类，那么其和属于 $3p+2$ 这类，其差属于 $3p$；
- 如果两个整数都属于 $3p+2$ 这类，那么其和属于 $3p+1$ 这类，其差属于 $3p$。

在上述分类中，加法（和）的情况让人头疼，但减法（差）的情况却让人意外：在同一类中的任意两个数的差一定能被 3 整除，这一结论和被 2 整除时一致。如果我们把 3 换成 4、5、6 等整数，依然会发现，只要除数相同，余数相等的两个整数的差一定能被该除数整除。既然这样，我们就先不考虑加法（和）的性质，专心思考余数相同的整数的差的问题吧。

像这样以“除数相同且余数相同”作为标注的整数分类办法，我们称之为剩余类。和剩余类相关的概念就是同余，其严格定义如下：给定一个正整数 $p$，如果 $(a-b)$ 被 $p$ 整除，即 $p|(a-b)$，则称两个整数 $a$ 和 $b$ 模 $p$ 同余，记作 $a \equiv b(\mathrm{mod}p)$，否则称为 $a$ 和 $b$ 模 $p$ 不同余。同余是数论中最基本的概念之一，其实质就是对整数进行分类，即两数 $a$ 和 $b$ 若模 $p$ 同余，则 $a$ 和 $b$ 在同一个剩余类中。

数学家为什么要如此进行分类呢？当然是为了便利。在对数进行分类时，如果能做到从某一类中无论挑选哪个数作为代表，都不影响最后的结果，那就说明这种分类是成功的。事实上，这种分类还真是挺成功的。

比如，任意一个除以 5 余 2 的整数和任意一个除以 5 余 3 的整数的积除以 5 一定余 1。我们可以挑 2 和 3 来看看，两个数的积为 6，除以 5 余 1；再看看 2 和 8，它们的积为 16，除以 5 余 1。事实上，除以 5 余 2 的整数可以表示为 $5p+2$，除以 5 余 3 的整数可以表示为 $5q+3$，它们的乘积为

$$(5p+2)(5q+3)=25pq+10q+15p+6$$

显然，$25pq+10q+15p$ 是 5 的倍数。而 6 除以 5 的余数为 1，所以无论 $p$ 和 $q$ 选取什么整数，“除以 5 余 1”这个结果都是成立的。

这种做法的好处显而易见。那么多的整数，按照除以某个整数之后的余数被分成了若干类，直接把无限的问题变成了有限的。而对付有限的情形，我们的办法多的是，哪怕用最笨的穷举也能把问题给解决了。而之所以能这样做，只是因为我们抓住了某些共同性质。

像这样任意挑一个元素就能代表一类的情形，我们称为等价类。顾名思义，就是类中所有元素大家地位彼此相同，无论挑哪个都可以替代其他元素。那么问题来了：既然等价类这么好，我们能不能把这个概念推广一下，并给出一个严格的定义呢？当然可以。

假设对于一个集合中的元素，规定了一个关系 $\sim$，并且可以判别其中每对元素 $a$ 和 $b$ 是否有关系 $a\sim b$，同时，这一关系适用于自反、对称、传递这三条定律，即：

(1) $a\sim a$（每个元素和自身有关系）；

(2) 假设 $a\sim b$，则 $b\sim a$（如果我和你有关系，那你就得和我有关系，谁也不能剃头挑子一头热）；

(3) 假设 $a\sim b$，$b\sim c$，则 $a\sim c$（朋友的朋友，还是朋友）。

那么，“同余”是否满足等价关系呢？

(1) 首先，$a\equiv a(\bmod p)$ 是否成立？显然成立，因为 $a-a=0$，0 可以被任意的 $p$ 整除；

(2) 其次，若 $a\equiv b(\bmod p)$ 成立，则 $p\mid(a-b)$，显然有 $p\mid(b-a)$，所以

$b\equiv a(\mathrm{mod}p)$ 成立；

(3) 最后，若 $a\equiv b(\mathrm{mod}p)$ 成立，且 $b\equiv c(\mathrm{mod}p)$ 成立，则 $a-c=a-b+b-c$，显然结果也能被 $p$ 整除，即 $a\equiv c(\mathrm{mod}p)$。

所以，同余确实是一种等价关系。

在我们通常学过的范围内，有哪些等价关系呢？三角形的全等、相似都是等价关系，而且不难验证；不过，平行却不是等价关系——平行关系不满足自反性，也就是说，一条直线不能和自己平行。

让我们回到剩余类的情形。我们用 $\overline{0}, \overline{1}, \overline{2}, \cdots, \overline{n-1}$ 表示 $n$ 的剩余类，然后在集合 $\{\overline{0}, \overline{1}, \overline{2}, \cdots, \overline{n-1}\}$ 中定义加法如下：$\overline{a}+\overline{b}=\overline{c}$，即当 $a+b\equiv c(\mathrm{mod}p)$ 时，有 $\overline{a}+\overline{b}=\overline{c}$。

为了更好地帮助大家理解这种新的加法，我们取 $n=5$ 来说明。此时共有 5 个剩余类：$\overline{0}, \overline{1}, \overline{2}, \overline{3}, \overline{4}$。既然每个剩余类中任意一个元素都可以代表其他元素，我们不妨就取 0, 1, 2, 3, 4 作为代表元素方便研究。首先考虑 $\overline{1}+\overline{2}=?$ 的问题。

由于 1+2=3，而 3 和 0, 1, 2, 3, 4 中的 3 关于 5 是同余的，于是 $\overline{1}+\overline{2}=\overline{3}$。不难验证，只要 0, 1, 2, 3, 4 中任意挑两个数的和小于 5，那么剩余类的加法和普通加法没有什么太大的区别。

如果我们取出两个数的和不小于 5，不妨取 2 和 4，此时 2+4=6，6 不在 0, 1, 2, 3, 4 中，不过，我们注意到 $6\equiv 1(\mathrm{mod}5)$，即 $\overline{2}+\overline{4}=\overline{1}$。因此我们发现，按照这个加法定义，$\overline{0}, \overline{1}, \overline{2}, \overline{3}, \overline{4}$ 中任意两个剩余类做加法，其结果仍然在这 5 个剩余类中，我们把这种性质称为封闭。

如果我们把 5 个剩余类的“帽子”拿掉，也就是说，从等价类变回一般的整数，那么，封闭性就被破坏了（2+4=6，而 6 不在这 5 个数里），所以封闭并不是一种“廉价”的性质。

而对于群来说，剩余类也是元素，因此在前面的那 5 个元素中，$\overline{0}$ 是最特殊的，因为不管哪个元素和它相加，得到的结果依然是该元素本身，我们将类似于 $\overline{0}$ 这样和其他元素运算后，其他元素仍保持不变的元素称为单位元。同时很容易看出，无论哪个元素，总能找到一个对应的元素使得它们的和为 $\overline{0}$（$\overline{1}+\overline{4}=\overline{0}$, $\overline{2}+\overline{3}=\overline{0}$, $\overline{0}+\overline{0}=\overline{0}$）。在这样和等于单位元的情形里，我们称其中一个元素是另一个元素的逆元。

有一条规律，是大家在小学时就学过的——结合律。不难验证，这 5 个元素是满足结合律的。如果一个集合上定义了运算（我们把这种运算称为乘法，此处虽然是加法的符号，但就是个名字而已，不要在意这些细节），而集合内的元素满足封闭性、适应结合律、有单位元，且每个元素都有逆元，我们就把这个集合称为群。尤其，我们把剩余类构成的群称为同余群。不难验证，不论 $n$ 取值多少，$\{\overline{0}, \overline{1}, \overline{2}, \cdots, \overline{n-1}\}$ 总是能成群的。

于是有了一个很自然的问题：既然剩余类能关于加法成群，那么整数能不能关于加法成群？

整数的和自然也是整数，所以封闭性没问题；结合律是显然成立的；而 $0+a=a+0=a$ 对于任意的整数 $a$ 都成立；整数的相反数仍然是整数，所以每个元素都有逆元。综上所述，整数关于加法确实成群。

这两个群之间显然有着很紧密的联系：整数群看起来“个头”要大很多，而同余群则要小巧得多，并且，每个整数群中的元素都可以在同余群中找到对应。事实上，同余群就是对整数群的分类。对于整数群中任意一个元

素 $m$，我们总可以写成 $m=pn+r$ 的形式，其中 $0 \leqslant r \leqslant n-1$ 。在代数中，像这样能进行类似于把所有整数按照余数进行分类操作后得到的群，称为商群。

你看，这些数学家多会玩儿！就这么一个根据余数的分类，经过一顿“捯饬”，竟然弄出这么些“高级”的概念来。然而，数学研究的本质就在于把具体的东西高度抽象，再探索一般的规律。利用整数的分类，我们对现代代数学最重要的基本概念之一——群，有了初步的了解。

事实上，群的分类也是一个很有意思而且非常重要的问题。如果有两个群 $G_1$ 和 $G_2$ ， $\sigma$ 是 $G_1$ 和 $G_2$ 之间的一个一一映射。“一一映射”的意思就是一个萝卜一个坑，一个坑里就一个萝卜，每个萝卜恰好对应一个坑，每个坑恰好对应一个萝卜。并且， $G_1$ 中任意两个元素的乘积映射到 $G_2$ 中后对应的元素，恰好等于这两个元素分别映射到 $G_2$ 中后对应的元素的乘积，即 $\sigma(ab)=\sigma(a)\sigma(b)$ ，我们把映射 $\sigma$ 称为 $G_1$ 到 $G_2$ 上的同构。

有意思的是，同构也是一种等价关系，这意味着所有同构的群都可以看成是同一回事，随便从中挑一个就能代表所有的群。

无论从哪个角度看，整数加群显然从表达上是最友好的，因此我们秉承“柿子挑软的捏”的原则，把整数加群研究透了，那么，所有和它同构的群都不在话下了。

我们继续回到群的分类这个问题上来。事实上，根据群里元素的个数，我们可以把群简单地分为有限群和无限群，像同余群这样元素个数有限的群自然是有限群，而整数加群自然就是无限群。如果我们再对有限群进行细分，那又会有很多有意思的问题，比如，有限单群问题。

如果我们从群中挑出若干元素后，这些元素能构成一个群，就称这些元素构成的群为子群。将群 $G$ 中任一元素 $a$ 作用在某个子群 $H$ 中所有元素左侧后得到一个集合 $aH$ ，我们称集合 $aH$ 为 $G$ 中 $H$ 的左陪集。同理，如果元素 $a$ 作用在某个子群 $H$ 中所有元素右侧，我们称集合 $Ha$ 为 $G$ 中 $H$ 的右陪集。如果对一个群 $G$ 里的每个元素 $a$，子群 $H$ 都满足 $aH = Ha$ ，我们称 $H$ 是 $G$ 的正规子群。

如果一个有限群的正规子群要么是其本身，要么是单位元组成的群，除此以外不再有其他正规子群，这样的有限群我们称为有限单群。

比如群 $\{\bar{0}, \bar{1}, \bar{2}\}$ ，这是整数 3 的剩余类构成的群，然而除了 $\{\bar{0}\}$ 和 $\{\bar{0}, \bar{1}, \bar{2}\}$ 以外，我们找不到第三个它的子群，连子群都没有，谈何正规子群？

而群 $\{\bar{0}, \bar{1}, \bar{2}, \bar{3}\}$ 中，我们考察集合 $\{\bar{0}, \bar{2}\}$ 。 $\bar{0}+\bar{0}=\bar{0}$ ， $\bar{0}+\bar{2}=\bar{2}+\bar{0}=\bar{2}$ ， $\bar{2}+\bar{2}=\bar{0}$ ，所以集合 $\{\bar{0}, \bar{2}\}$ 是群 $\{\bar{0}, \bar{1}, \bar{2}, \bar{3}\}$ 的子群，而群中的运算为普通加法，显然是可交换的，所以群 $\{\bar{0}, \bar{2}\}$ 是群 $\{\bar{0}, \bar{1}, \bar{2}, \bar{3}\}$ 的正规子群，且不是由单位元生成的，也不是群本身。

不难看出，所有形如 $\{\bar{0}, \bar{1}, \bar{2}, \cdots, \overline{n-1}\}$ 的群，若 $n$ 为质数，那么群 $\{\bar{0}, \bar{1}, \bar{2}, \cdots, \overline{n-1}\}$ 一定是单群。这么容易得到的结论，数学家自然是不稀罕的。

之所以会出现这种情况，是因为对加法而言， $a+b=b+a$ 总是成立的，所以左陪集一定等于右陪集。但是对于普通的二元运算（群中的乘法）而言， $ab=ba$ 却不一定总是成立，如果读者学过矩阵的乘法，就会很容易明白这一点，如果没有学过，那我们就再看个例子吧。

给定三个数字 1, 2, 3，我们把这三个数字的位置换来换去，可以得到一系列的数组。根据排列组合的知识可以知道，这样不同的数组一共有 6 个：(1, 2, 3)、(1, 3, 2)、(2, 1, 3)、(2, 3, 1)、(3, 1, 2)、(3, 1, 1)。这 6 个数组都可以看成是由第一个 (1, 2, 3) 变化得来的。比如 (2, 1, 3) 就可以看成把 (1, 2, 3) 中的 1 和 2 互换位置。

我们把这 6 个数组改写成如下形式的数阵：

$$\begin{pmatrix}1&2&3\\1&2&3\end{pmatrix},\ \begin{pmatrix}1&2&3\\2&1&3\end{pmatrix},\ \begin{pmatrix}1&2&3\\1&3&2\end{pmatrix},\ \begin{pmatrix}1&2&3\\3&2&1\end{pmatrix},\ \begin{pmatrix}1&2&3\\2&3&1\end{pmatrix},\ \begin{pmatrix}1&2&3\\3&1&2\end{pmatrix}$$

下面一排数字代表着将上一排数字变换后的结果。比如 $\begin{pmatrix}1&2&3\\3&1&2\end{pmatrix}$ 就表示把 1 变成 3，把 2 变成 1，把 3 变成 2。我们还可以定义其中任意两个数阵的乘积，只要按照从右到左的顺序依次变换即可。比如 $\begin{pmatrix}1&2&3\\2&1&3\end{pmatrix}\begin{pmatrix}1&2&3\\1&3&2\end{pmatrix}$，首先 (1, 2, 3) 变成了 (1, 3, 2)，此时根据规则，$\begin{pmatrix}1&2&3\\2&1&3\end{pmatrix}$ 作用在数组 (1, 3, 2) 上意味着把 1 变成 2，把 2 变成 1，3 保持不变，于是 (1, 3, 2) 变成了 (2, 3, 1)，即

$$\begin{pmatrix}1&2&3\\2&1&3\end{pmatrix}\begin{pmatrix}1&2&3\\1&3&2\end{pmatrix}=\begin{pmatrix}1&2&3\\2&3&1\end{pmatrix}$$

事实上，这些数阵在如上定义的乘法意义下成群，且单位元就是 $\begin{pmatrix}1&2&3\\1&2&3\end{pmatrix}$。那么这个群和同余群有什么不一样的地方呢？来，请计算：

$$\begin{pmatrix}1&2&3\\1&3&2\end{pmatrix}\begin{pmatrix}1&2&3\\2&1&3\end{pmatrix}=?$$

得到：

$$\begin{pmatrix}1&2&3\\1&3&2\end{pmatrix}\begin{pmatrix}1&2&3\\2&1&3\end{pmatrix}=\begin{pmatrix}1&2&3\\3&1&2\end{pmatrix}\neq\begin{pmatrix}1&2&3\\2&3&1\end{pmatrix}=\begin{pmatrix}1&2&3\\2&1&3\end{pmatrix}\begin{pmatrix}1&2&3\\1&3&2\end{pmatrix}$$

换句话说，交换律不成立。

事实上，交换律在群里是个“奢侈品”，大多数的群中交换律是不成立的。数学家甚至给交换律成立的群单独取了个名字——阿贝尔群。如果一个群中交换律成立，我们通常称这个群是阿贝尔的（也就是“可交换的”）。所以，现在你可以理解为什么左陪集不一定等于右陪集了吧？

既然左陪集不一定等于右陪集，就意味着并不是群的每个子群都是正规子群。对于非交换群而言，单群的情况就复杂得多了。

数学家为什么要研究单群？这个问题还真能在大多数人的理解能力范围之内说清楚。

你没觉得，单群的定义和我们在小学阶段学过的一个概念很像吗？只有单位元和自身……没错，就是质数！质数问题是数论的核心，黎曼猜想、孪生质数猜想、哥德巴赫猜想都与质数有关。所以，单群对于群的研究来说能不重要吗？

有限非交换单群的分类是个很复杂而且重要的问题。重要性我们三言两语已经讲完了，接下来聊聊复杂性。

事实上，这个问题先后经全世界上百名数学家，用了三十多年的时间，终于在 20 世纪 80 年代初得到解决。光看这参与人数和时间跨度就明白解决这问题是相当地不容易。有限单群分类的整个论证用了超过五千页的篇幅，散布在超过 300 篇文章之中。在整个研究过程中，数学家们创造了很多新的群论概念，并证明了大量的定理。

全部的有限单群可以分成四类：

- 质数阶循环群，它包括了所有的交换单群；
- $n \geqslant 5$ 的交错群 $A_n$；
- 李型单群（共16族）；
- 26个零散单群。

单看这些群的名字，就知道它们不是什么简单、善良的东西。第一类就是同余群，后面三类如果要仔细解释一下，那么这本书看起来就不是一本科普书而是专业书了。

当然，数学从不偏爱——不光在代数中有分类的思想，在几何里也有分类的思想。众所周知，欧几里得是人类历史上第一位几何大师，继他之后又出现一位阿波罗尼斯（Apollonius）也不遑多让。他著有共八卷《圆锥曲线论》(*Conics*)——是的，此处的圆锥曲线和我们所学的圆锥曲线是同一个物种。

阿波罗尼斯指出，用一个平面以不同的方式去截同一圆锥面，根据截口不同，曲线可以是抛物线、椭圆和双曲线。在那个没有直角坐标系的年代，阿波罗尼斯用纯几何的方法研究了圆锥曲线的共轭直径、切线和法线。虽然书中没有谈到准线，但圆锥曲线是到定点（焦点）和到定直线（准线）的距离之比为常数（离心率）的点的轨迹，这是连欧几里得都知道的结论了。

然而，这些结论无论是描述还是证明过程，不能说是佶屈聱牙，只能说是让人看不大懂。幸亏在此后大约1800年，笛卡儿发明了直角坐标系。到了17世纪，借助这个强有力的工具，约翰·沃利斯（John Wallis）在他的论文《论圆锥曲线》(“Treatise on the Conic Sections”）中，第一次把阿波罗尼斯用纯几何描述的圆锥曲线以坐标的形式描述出来，并开始用代数的理论来研究曲线的性质。如果你读过阿波罗尼斯的《圆锥曲线论》的中文译本，就会发现，相比之下，用坐标系来描述圆锥曲线实在是太“友好”了。

比如椭圆的定义，阿波罗尼斯是这样说的：

如果一个圆锥被一过其轴的平面所截，也被另一平面所截，则该平面一方面与轴三角形的两边都相交，另一方面它既不与底平行，也不是底平面的反位面，又若圆锥的底与截面的交线要么与轴三角形的底垂直相交，要么与它的延长线垂直相交，如果从截线到它的直径所连接的（纵线）线段平行于截面与圆锥底的交线，则其中任一个上的正方形将等于贴合于一线段上的某个（矩形）面，其中截线的直径与该线段之比如同连接从圆锥顶点到轴三角形的底直线且平行于截线直径的线段上正方形与该线段在轴三角形底直线上与其他两边截得的两线段所夹的矩形，该面的宽是截线到直径的连线在直径上截取的从其顶点开始的线段，并且亏缺一个图形，这图形相似于由直径和参量所夹的矩形，且有相似位置，将这样的截线称为亏曲线。

你怎么看这段定义？反正我是读得欲哭无泪。如果不从头开始看，并把每个概念用现代数学常用记号写一遍，我就是读上一年，也不敢想这段话说的是一个椭圆。不过，这也从侧面体现出先贤的伟大之处，用惯了猎枪的人是很难想象那些投掷没有打磨过的石块的猎手是怎么捕杀猛兽的——这得需要多高的技巧才行？

在中学阶段，我们把圆锥曲线统称为二次曲线，那么一个很自然的问题是：是不是二次曲线只有椭圆、双曲线、抛物线和圆这几类呢？

在开始讨论之前，我们不妨先来定义什么是二次曲线。所谓二次曲线，是指形如 $Ax^2+Bxy+Cy^2+Dx+Ey+F=0$ 的曲线。在我们所学过的平面解析几何的内容中，通常 $B$, $D$, $E$ 这三项都是 0。很显然，$Ax^2+Bxy+Cy^2+$

$Dx+Ey+F=0$ 是更一般的曲线。

也许，我的老读者会想起在《不焦虑的数学：孩子怎么学，家长怎么教》一书中那些令人记忆深刻的因式分解题目。我还专门讲过，如何判别这样的二元二次多项式在什么时候可以进行因式分解——利用主元法计算出判别式为完全平方式即可。

上面这个二次曲线的式子，就可以分解成两个一次式的乘积。

形如 $ax+by+c=0$ 的图像是什么？这是直线啊！所以，这个二元二次多项式有可能代表两条直线。它还可能表示成什么呢？举个最简单的例子，$x^2+y^2+1=0$，很显然，这是一个空集。$x^2+y^2=0$ 则表示坐标原点——这都不是我们想要的，但是，这些情况必须要考虑。

借助线性代数里的知识结合换元法，我们可以得到以下结论。记

$$\Delta=B^2-4AC,\ G=\begin{vmatrix}2A & B & D\\ B & 2C & E\\ D & E & 2F\end{vmatrix}$$

则：

(1) 若 $\Delta<0$，$G=0$，此时为一个点；

(2) 若 $\Delta>0$，$G=0$，此时为相交的两条直线；

(3) 若 $\Delta=0$，$G=0$，$D^2-4AC<0$（或 $E^2-4CF<0$），此时无轨迹；

(4) 若 $\Delta=0$，$G=0$，$D^2-4AC>0$（或 $E^2-4CF>0$），此时为平行的两条直线；

(5) 若 $\Delta=0$，$G=0$，$D^2-4AC=0$，$E^2-4CF=0$，此时为一条直线；

(6) 若 $\Delta<0$，$G\neq0$，$(A+C)G<0$，此时为椭圆或圆；

(7) 若 $\Delta<0$，$G\neq 0$，$(A+C)G>0$，此时无轨迹；

(8) 若 $\Delta>0$，$G\neq 0$，此时为双曲线；

(9) 若 $\Delta=0$，$G\neq 0$，此时为抛物线。

于是，我们完成了对二次曲线的分类。从上述结论可以看出，除去退化成直线、点以及不存在的情况，二次曲线确实只有椭圆（圆）、双曲线和抛物线三类。

和我们所学过的标准形式相比，$Ax^2+Bxy+Cy^2+Dx+Ey+F=0$ 多了一些项，这些项又是从哪里来的呢？实际上，只要把 $Ax^2+Bxy+Cy^2+Dx+Ey+F=0$ 做适当的换元，总能将其改写成我们学过的标准的椭圆（圆）、双曲线和抛物线方程的形式。而从几何上来看，就是把 $Ax^2+Bxy+Cy^2+Dx+Ey+F=0$ 所对应的曲线经过适当的平移、旋转，将其变成椭圆（圆）、双曲线和抛物线。

当然，二次曲线是平面上所有曲线中的特殊情况，平面上的曲线实在是千变万化，为什么要单单讨论二次曲线的分类呢？数学虽然是研究一般规律的学科，但对过于一般的情形，数学家往往不屑一顾。数学家的一项重要工作就是从纷杂的数学现象中挑出那些有研究意义的内容，这就像抓住了一只特别美丽的羊，就该使劲儿薅它的羊毛。

我们既然说到了曲线，那么就该聊聊曲面。曲面的分类远比曲线的分类情形复杂，当然也有意思得多——可能只是专业的数学工作者们这么觉得。

我们先来看看二维曲面中一类特殊的曲面：二次曲面。

这种思考方式是很自然的：我们刚才把二次曲线讲得“天花乱坠”，那么，研究一下二次曲面也是合情合理的。而且，曲线对于平面直角坐标系，就相当于曲面对于空间直角坐标系，在平面直角坐标系中，用一个方程就能表示曲线，在空间直角坐标系中一个方程就能表示曲面，而曲线则需要用两个方程（即两个曲面的交线）来表示。

一般的二次曲面有如下表达式：

$$ax^2+by^2+cz^2+2fyz+2gzx+2hxy+2px+2qy+2rz+d=0$$

其中，二次项系数不同时为零。同样利用换元法和配方法，我们可以将这个一般形式化为相对简单的形式：

$$Ax^2+By^2+Cz^2+2Px+2Qy+2Rz+D=0 \quad (1)$$

毫无疑问，这些代数上的变形依然可以对应几何中的平移和旋转，当然，这次比平面的情形要复杂一些，有能力理解的读者可以参考空间解析几何的相关教材，这里不再赘述了。

对于那些“弓马娴熟”的读者朋友来说，无须做任何的计算就会发现，式 (1) 明明可以进一步化简。事实上，式 (1) 确实可以进一步化简成以下几种形式：

$$Ax^2+By^2+Cz^2+D=0,\ ABC\neq 0;$$

$$Ax^2+By^2+2Rz=0,\ ABR\neq 0;$$

$$Ax^2+By^2+D=0,\ AB\neq 0;$$

$$Cz^2+2Px=0,\ CP\neq 0;$$

$$Cz^2+D=0,\ C\neq 0.$$

除了第一个式子以外，其他的四个式子中的字母都能以轮换的形式替代。和标准形式相比，这五种形式有以下特点：

- 没有 $xy, yz, zx$ 这样的混乘项；
- 如果有某个字母的二次项，就没有该字母的一次项；
- 如果有某个字母的一次项，就没有其他字母的一次项。

我们将满足这几条的二次曲面方程称为标准方程。

经过对标准方程冗长的分类讨论，人们把二次曲面分成了以下 17 类：椭球面、单叶双曲面、双叶双曲面、椭圆抛物面、双曲抛物面、椭圆柱面、双曲柱面、抛物柱面、二次锥面、一对相交平面、一对平行平面、一对重合平面、直线、点、虚椭球面、虚椭圆柱面以及一对平行虚曲面。

人们还注意到这样一件事：面对二次曲线，我们总要通过一些代数式变形，把这些多项式变得“美观”一些，当然这不是单纯为了美而美，从实际效果上来说，这也是有助于进行分类的。我们也提到了，这些代数式变形对应到几何上就是旋转、镜面反射以及它们之间的组合等变换。这些几何变换有一个共同的特点：保持平面曲线上任意两点的距离不变。这样的变换称为正交变换。

很显然，保持原来曲线不动的变换肯定是正交变换；而通过正交变换后得到的曲线，也一定可以按照原来的路径倒回去，所以正交变换一定有逆；两个正交变换先后作用在同一曲线上，第一次保持距离不变，第二次仍然保持距离不变。

我们把先后作用在曲线上的正交变换的过程定义成二元运算，那么曲线上的所有正交变换是满足群的定义的——也就是说这些正交变换，它们竟然是一个群。

是不是很神奇？明明是几何中的东西，怎么又莫名其妙地和代数有联系了？在数学中，这种神奇的感觉就是“好”的感觉——我们显然碰到了一个“好”东西。

正交变换是一种特殊的变换，相对于它还有一种更一般的变换：仿射变换。所谓的“一般”是指性质会差很多。从几何上来看，仿射变换可以看成是正交变换与一个沿着两个互相垂直方向进行伸缩变换的乘积（你可以理解为把平面直角坐标系的两条坐标轴搞得不垂直，同时对原来每条坐标轴上的单位长度进行伸缩变换），这是一种更广义的变换。

如果一些变换的集合 $G$ 满足有恒等变换、对于任意的元素其逆元也在 $G$ 中，并且对乘法封闭，那么我们称 $G$ 为变换群。

德国数学家费利克斯·克莱因（Felix Klein）首先提出了利用变换群对图形的各种几何性质进行分类的思想。有人可能对克莱因这个名字不是很熟悉，不过，这也是在数学史上值得大书特书的一位人物。克莱因最为大众所熟知的研究成果恐怕就是克莱因瓶（图 10.1），它和莫比乌斯带一样，是一个不可定向的曲面（一只蚂蚁可以不用翻越任何边界就能纵横莫比乌斯带的“正反”两面）。

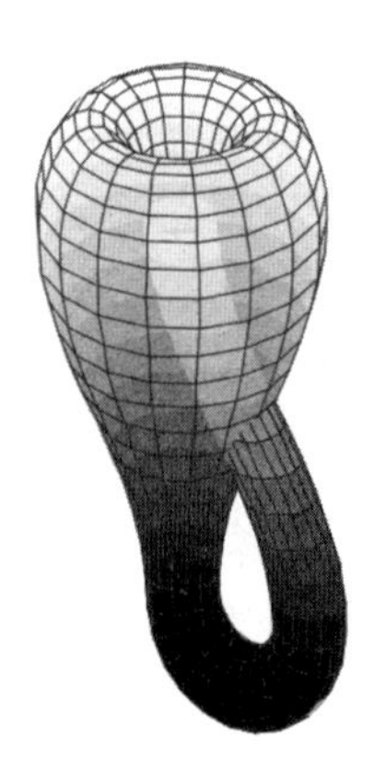

图 10.1

克莱因上了年纪之后，在曾经的世界数学中心——德国的哥廷根备受尊崇。当年，人们用这样一个笑话来描述他崇高的地位：在哥廷根有两种数学家，一种数学家做他们自己要做，但不是克莱因要他们做的事；另一类数学家做克莱因要做，但不是他们自己要做的事。这样一来，克莱因自己既不属于第一类，也不属于第二类，于是，克莱因不是数学家。看，数学家也是爱玩梗的，只不过，他们的笑话真的很冷。

克莱因对代数和几何之间关系的理解是深刻的，他提出了埃朗根纲领（Erlanger Program），其主旨就是用变换群的观点统一几何学。每种几何学都由变换群所刻画，每种几何学所要研究的就是几何图形在其变换群下的不变量。当然，如此深刻的内容远超本书的难度范围，我在这里只说说一些简单的情况。

我们把几何图形在正交变换下保持不变的性质叫作图形的度量性质，研究这些性质的几何学称为度量几何学。显然，平面几何、立体几何都在度量几何学的范畴内；而几何图形在仿射变换下保持不变的性质叫作图形的仿射性质，研究这些性质的几何学称为仿射几何学。说得再具体一点，正交变换下，两点之间的距离不变，角度也保持不变，这些属于度量性质；而仿射变换下，距离、角度都可能发生变化，因此这不是仿射性质，而平行线段长的比值在仿射变换下是保持不变的，因此这些才是仿射性质（当然也是度量性质）。

那么变换群作用在这些平面曲线上后，会对曲线分类造成什么样的影响呢？

首先来看特殊的正交变换。既然正交变换是保持曲线上任意两点间的距离不变，并且夹角不变，也就是说，不管什么曲线，经过正交变换后仍然保持原样，就是换了个位置。这就意味着曲线的分类在正交变换下毫无意义！

为什么这么说呢？就拿最简单的圆来说吧，首先选取单位圆 $x^2+y^2=1$，经过正交变换后，得到的所有的圆的方程仍然是 $x^2+y^2=1$，无论是旋转还是镜面反射对圆显然不起作用。

而换一个圆，如 $x^2+y^2=2$ ，这显然和单位圆不同，但在正交变换下它的方程仍为 $x^2+y^2=2$ 。因此， $x^2+y^2=2$ 可以被视为经过正交变换作用后半径为 $\sqrt{2}$ 的圆的集合。

也就是说，只要半径不同，等价类就不同。那么不同半径的圆有多少个呢？无数个——这样的分类有什么意义呢？

但在仿射变换意义下，情况就大不相同了。首先我们可以通过正交变换把这些不同位置的曲线都变成标准形式，比如

$$\frac{x^2}{a^2}+\frac{y^2}{b^2}=1,\ \frac{x^2}{a^2}-\frac{y^2}{b^2}=1,\ x^2+y^2=r^2\ (a,b\neq 0,\ r>0)$$

等等。别忘了，我们可以对坐标进行伸缩（你就看成换元吧）。

以 $\frac{x^2}{a^2}+\frac{y^2}{b^2}=1$ 为例，令

$$\frac{x}{a}=X,\ \frac{y}{b}=Y$$

则：

$$\frac{x^2}{a^2}+\frac{y^2}{b^2}=1$$

变成 $X^2+Y^2=1$ ，同理：

$$\frac{x^2}{a^2}-\frac{y^2}{b^2}=1$$

变成 $X^2 - Y^2 = 1$ 。

结合之前的结论，我们可以得到如下结论：在仿射变换意义下，平面上的二次曲线必然等价于以下曲线之一。

$$x^2 + y^2 = 1$$

$$x^2 + y^2 = -1$$

$$x^2 + y^2 = 0$$

$$x^2 - y^2 = 1$$

$$x^2 - y^2 = 0$$

$$x^2 = y$$

$$x^2 = 1$$

$$x^2 = 0$$

$$x^2 + 1 = 0$$

换句话说，二次曲线的仿射等价类共有 9 个。用相同的办法对空间的二次曲面进行分类，正交变换下的二次曲面也有无穷多个等价类，而仿射变换下的二次曲面共有 17 个等价类。

你看，正交变换显然是一种条件更好的变换，虽然用它对二次曲线和二次曲面分类得到无数多个等价类，但是能把这些几何图形的特点分得清清楚楚。仿射变换更一般，因此就失去了很多几何的特性，但从等价类的角度来看，就分得清清爽爽。

## 第 11 章

# 极限

用极限思想作为全书的“压轴戏”，我觉得再合适不过了。

这是微积分中最基本的思想，而微积分是从初等数学跨入高等数学的一道门。“高等”这两个字听起来就像一道高高的门槛，但是，我们可以借助“初等”的梯子越过去——君子性非异也，善假于物也。

你也许早就听说过微积分。不知道从何时起，能不能学会微积分，成了衡量孩子是否有数学天分的标志——一个孩子学会微积分的年纪越小，就越容易被冠以“神童”的名号。这种想法虽然肤浅，却颇有“市场”，也能从侧面反映出大众对微积分的敬仰之情。

我写这本书的初衷是帮助大众推开数学的一扇扇大门，因此，我不想涉及过多技术上的细节和技巧。在这一章，我将简单讲讲极限在微积分中的基础性地位，以及其中蕴含的数学思想。我希望通过这番讲解，大家能大概了解一下微积分是什么。

事实上，中国古代有许多关于极限的朴素思想。比如，庄子曾提出“一尺之棰，日取其半，万世不竭”，翻译成白话文就是：一根一尺长的棍子，每天截取它的一半，永远都不可能取完——棍子总是剩一点儿、一点儿的一点儿、一点儿的一点儿的一点儿，哪怕小到肉眼再也看不见，棍子还在那里。当然，庄子纯粹是从哲学角度来考虑问题的，他只关心棍子永远不会截取完，至于棍子会剩下多少，就不关他老人家的事了。庄子最后化蝶而去，逍遥无比，留下我们这些凡人来思考这个麻烦的问题。

从数学研究的角度来说，我们希望知道，不管第几次取半，剩下的棍子占到原来长度的比例是多少。

这个要求并不过分。事实上，只要用一下等比数列，我们就很容易求出这个比例为 $\left(\frac{1}{2}\right)^n$，其中 $n$ 表示截取的次数。显然，当 $n$ 的值越大，棍子剩下的部分就越少。而一个正数的任意次幂永远是一个正数，所以不论 $n$ 的值为多少，棍子永远不可能以这种方式被截取完。

从直观上来看，如果设棍子长为 1，那每次剩下的部分将无限趋于 0，但无法到达 0——你是不是联想到了函数 $y=\frac{1}{x}$ 的图像和坐标轴之间的关系？

极限就是一种趋势，一种稳定的趋势。至于初始状态是什么样子，数学家根本不在意。

在“一尺之棰”的例子中，我们把每天剩下的棍子的占比写出来就是：

$$\frac{1}{2},\ \frac{1}{4},\ \frac{1}{8},\ \frac{1}{16},\ \cdots,\ \left(\frac{1}{2}\right)^n$$

假设庄子跟我们开个玩笑，在第一天又接了一根新的“一尺之棰”在原来的棰上，这样就变成了“二尺之棰”；第二天，他又砍掉了 $\frac{1}{2}$ 尺；第三天，他又接上了二尺，而第四天又砍掉了三尺，再往后，他才开始仅“日取其半”。此时，每天剩下棍子的占比写出来就是：

$$2,\ \frac{3}{2},\ \frac{7}{2},\ \frac{1}{2},\ \frac{1}{4},\ \frac{1}{8},\ \frac{1}{16},\ \cdots,\ \left(\frac{1}{2}\right)^{n-3}$$

当然，如果庄子再调皮一点儿，多折腾几天，多接几次新棰，那么上述数列呈现出极限状态的时刻就要再往后拖延几日了。但是，这种趋势却无法改变。

极限是不是和双曲线的渐近线一样，只能无限逼近，却永远无法到达呢？

这可真是个好问题！我们给出这样一组数：1, 1, 1, 1,⋯, 1。你看，这个数列的趋势是多少？你也许会说，这还有啥趋势，不就是趋向于 1 吗？若是如此，在趋于 1 的过程中，数列中有没有等于 1 的数？

因此，在这个趋势中，可以没有值等于极限值，可以有有限个值等于极限值，也可以有无限个值等于极限值——极限是一个无限的概念。

在初等数学中，我们已经习惯了研究“有限”，“无限”可能充满了挑战。对于初学者来说，从理解固定值过渡到理解趋势，是在概念理解上的一个门槛。“在数列趋于极限的过程中，有多少个数恰好等于极限值？”这种问题其实一点儿也不重要，理解什么是“趋势”才是最重要的。

从几何角度来说，数列中的每个数都对应数轴上的一个点。于是，我们可以这样来理解数列的极限：如果一个数列存在极限，把数列中所有数都对应在数轴上，那么，在数轴上存在这样一个点，在包含这个点的任意小的一个开区间内，总有这个数列中几乎所有点，而这个点可以对应到数列中的某个数，也可以对应不上。

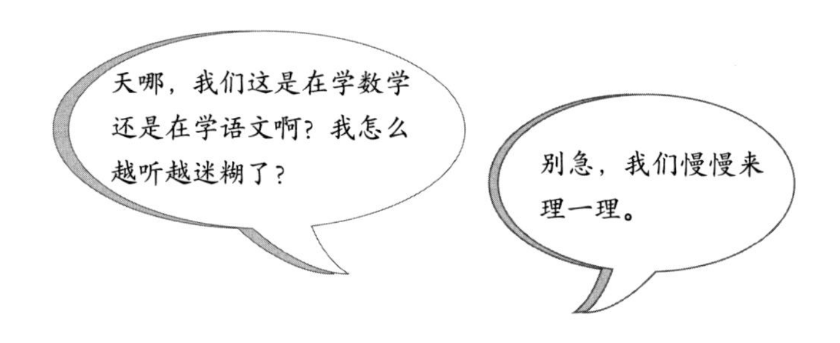


想要理解极限，首先要理解有限和无限之间的关系。在初等数学中，我们碰到的几乎所有结论都是有限的：一百万、一万亿……哪怕是葛立恒数，再大的数也是有限数。而无限就是想要有多大就有多大，再大的数在无限面前也可以忽略不计。

在庄子的棍子数列中，我们把 $\frac{1}{2}$，$\frac{1}{4}$，$\frac{1}{8}$，$\frac{1}{16}$，…，$\left(\frac{1}{2}\right)^n$ 这些数都对应到数轴上的点，显然，这是一个无限的点列。而在包含坐标原点的任意小的开区间内，是不是一定含有这个数列中无数的点？你换一个点就不行了！因此从几何直观上看，极限存在，就一定唯一。

想要深刻理解极限，就要理解怎么从有限过渡到无限。事实上，很多事情在涉及无限以后，就会变得不可思议。举个简单的例子：有理数和有理数相加减，得到的结果是有理数还是无理数呢？相信读者们都能脱口而出：那必然是有理数啊！其实，这句话不够严格。我们只能说，有理数在有限次相加的情况下，其结果仍然是有理数，但对无限的情况就不一定成立了。

比如 $1-\frac{1}{3}+\frac{1}{5}-\frac{1}{7}+\cdots+\frac{1}{201}$ 的结果显然是有理数，然而，假设我们把这个过程无限地进行下去：

$$1-\frac{1}{3}+\frac{1}{5}-\frac{1}{7}+\cdots+\frac{(-1)^{n-1}}{2n-1}+\cdots$$

这个结果是一个无理数，而这个无理数我们还很熟悉，它就是 $\frac{\pi}{4}$ 。

是不是不可思议？有理数在经过无数次加加减减之后，居然得到了一个无理数。而且值得注意的是：

$$1-\frac{1}{3}+\frac{1}{5}-\frac{1}{7}+\cdots+\frac{(-1)^{n-1}}{2n-1}+\cdots=\frac{\pi}{4}$$

是一个等式，式子两边并没有用约等于号连接。这一点确实比较难理解，不过，这也是极限的魅力所在。

庄子这位伟大的思想家可能不太擅长计算吧？但这不代表我们的先人中没有能算的人。接下来要介绍的这位人物可谓中国古代的“人肉计算器”——祖冲之。

祖冲之字文远，是我国古代杰出的数学家。他生活在南北朝时期，在数学、天文历法方面的贡献远超同时代的人。我们着重来讲讲祖冲之在圆周率计算上的突出贡献。

众所周知，圆周率指圆周长和圆的直径之比，现在，我们通常用希腊字母 π 来表示。你有没有想过，计算 π 其实是一件很神奇的事：为什么会有人想到去计算这个比值呢？

当人们发现这个比值是一个常数后，接下来的研究重点自然是计算出这个值到底是多少。在中国和古巴比伦等许多古文明发源地，人们最早都是用 3 作为圆周率的精确值——你可别看不起这个粗略的值，其实，误差已经控制在 5% 以内了，这是很了不起的事。古埃及人用过 $4\times\left(\frac{9}{8}\right)^2$ 来表示 π，古印度人用过 $\sqrt{10}$ ，当然都是用各自的计数符号。

这件事真令人惊愕：在那么久远的古代，人类吃饭常常都成问题，究竟谁会去思考圆周长和圆直径的比值是一个常数，而且还要把它算出来？

在计算圆周率精确值的竞赛中，中国人曾领先世界近一千年，而创造这个数学神迹的人就是祖冲之。当然，在祖冲之之前，还有一位不得不提的人物——刘徽。

刘徽对计算圆周率的值的最大贡献是提出了一种可靠的计算方法——割圆术，即用圆内接正多边形来逼近圆。

刘徽借用的是正 $3\times2^n$ 边形。当 $n=1$ 的时候，内接正多边形就是正六边形。不难发现，此时正六边形的周长与圆的直径之比恰好等于 3（图 11.1）。而两点之间直线段的距离最短，所以，和正六边形每条边共端点的圆弧长度必然大于正六边形每条边的边长，即圆的周长大于正六边形的周长。因此，圆周率的真实精确值肯定要比 3 大一些。那么，究竟大多少呢？

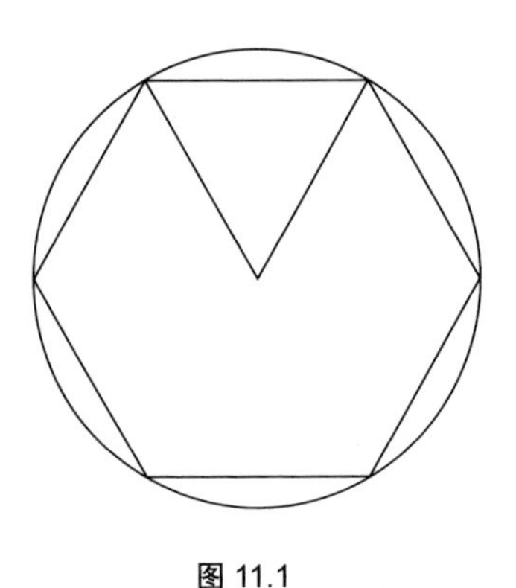

图 11.1

从直观上看，$n$ 越大，正多边形的周长就越逼近圆。因此，你得到多么精确的圆周率，完全取决于你割圆割得有多细。刘徽很生动地解读道：“割之弥细，所失弥少。割之又割，以至于不可割，则与圆合体，而无所失矣。”

这段话的意思是，把圆割得越细，误差就越小，一直割下去，直到割无可割，那么这个正多边形就和圆重合而没有误差了。

这是不是说，圆内接正多边形的极限是圆？理论有了，放手去干呗！

说得倒轻巧，咱们都知道质能方程 $E = mc^2$ 就是制造原子弹的理论基础，可你倒是造一个试试啊？

从理论到实践，是一条漫长而艰辛的道路。刘徽拼了半条性命（我猜的）把 π 精确到了 3.14。如今来看，这可能不是一个什么了不起的结果，但事实上，这个值的误差已经缩小到万分之五以内。在当时的条件下，这可是不得了的成就。也有人说，刘徽最后算到了 3.1416，不过，这种说法貌似没有充分的证据。

这时，祖冲之来了……祖冲之按照刘徽的割圆术之法，画了一个直径为一丈的圆，然后开始“割”。祖冲之割了多少？一直切割到 $n=14$ ，切出了一个正 24576 边形，然后，他求出了内接正多边形的边长……要知道，他可是生活在南北朝时期，那时候人们可没有计算器，甚至没有算盘。祖冲之用的计算辅助工具应该是算筹——名字听着很优雅，实际上就是草棍儿。有钱人或许能用好一点儿的材质来做算筹，但本质上那就是一根根棍儿。在今天，如果计算发生错误，我们再按一遍计算器，改正结果就行，但是，如果用算筹计算，哪怕碰歪一下一根草棍，搞不好就得从头摆放、从头算。

根据祖冲之的最终计算结果，他应该要对拥有九位有效数字的小数进行加、减、乘、除和开方运算，计算步骤有十多个，而每个步骤都要反复进行几十次，比如开方运算有 50 次，最后计算出的结果达到小数点后第 16 或 17

位。别的先不说，你能不用电子计算器，徒手计算 $\sqrt{2}$ 吗？祖冲之在拨了无数次草棍后，最终求得直径为一丈的圆，其圆周长度在三丈一尺四寸一分五厘九毫二秒七忽到三丈一尺四寸一分五厘九毫二秒六忽之间。这就是他的圆周率。

除了感叹“真厉害!”，我实在说不出别的了。但你以为这就到头了？祖冲之居然还想到用 $\frac{22}{7}$ 和 $\frac{355}{113}$ 这两个数来表示圆周率。

数学家分为两种：一种人给别人饭吃，比如一个人搞清了一个大方向，然后一堆人跟着吃肉喝汤；一种人断人生路，他能彻底解决一个问题，不给别人留机会。祖冲之大约就是后者。通过计算这两个分数，我们发现其结果的误差小得惊人，而这个分数的分母也小得可怕。后世推断，祖冲之大概已经发现了神秘的连分数。

祖冲之的一生是传奇的，计算圆周率只是他诸多伟绩中的一项。在中国古代农业社会，历法对农业的意义不言而喻。当年大家通用的是元嘉历，但祖冲之搞了一个大明历，比元嘉历厉害得多。大明历把旧历的 19 年 7 闰改成了 391 年 144 闰，做到了每年误差仅有 50 秒。一直到宋朝，才出现了更好的历法——可惜，大明历并没有被广泛采用，可那又怎么样？

据说，祖冲之还发明过“千里船”，以及类似“木牛流马”的运输工具等各种“神器”，而且他在音乐方面也造诣颇高。如果说，要在祖冲之所有的贡献中挑一个最大的，那我选他生的儿子——祖暅。祖暅的名气比他爹小多了，然而，祖暅在中国数学史上却是非常重要的人物，他提出的祖暅原理的意义比计算圆周率的精确值可要大多了。

祖暅原理说的是：“幂势既同，则积不容异。”这短短九个字包含的却是极其深刻的思想。我甚至能想象出祖暅写下这句话时霸气十足、嘴角微扬的样子。这句话翻译成白话文的意思是：两个立体图形如果同底等高，并且在任意等高位置的截面面积相等，则这两个立体图形的体积一定相等。

估计很多人又要一头雾水了：立体图形的每个等高位置的截面面积相等，为什么体积就会相等呢？我拍了两张照片，大家看看就明白了（图 11.2）。

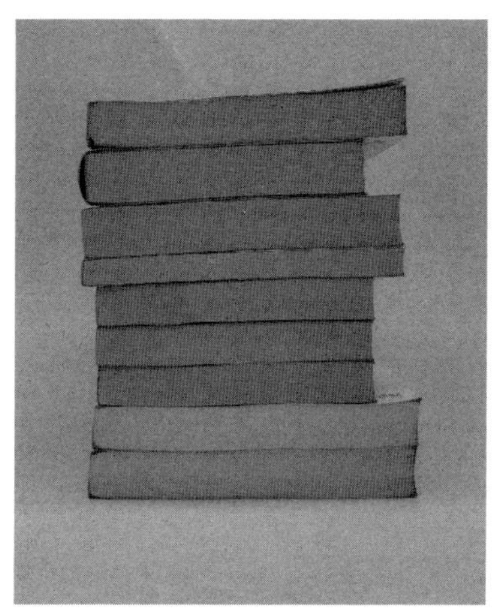

图 11.2

图 11.2 中这两摞书是完全一样的，叠放的上下顺序也是一样的，我只是把第一摞书中的若干本往左右两边推了推，也就是让截面稍微变换了位置，就变成了第二摞书，但是，两摞书面积对应都是相等的，那么体积自然不变。

有人要说了："第一摞中的'截面'是不是太厚了？"正如线没有宽度一样，面是没有厚度的。但是，我们可以把每个截面近似看成一个非常薄的柱体，柱体的高非常小，并且，对应的薄片切出的柱体的高是相等的，因此每个薄柱体的体积相等。这相当于把两个立体图形切割成了无数对等高、等积的小柱体，如此一来，这些小柱体体积的和自然也就对应相等。

有人也许会问："再怎么切，也切不出精确的柱体啊，怎么到最后体积就能相等呢？"

这是一个好问题。事实上，这个问题祖暅也回答不上来……要到此后一千多年，才有人给出问题的精确解释。我们现在无法还原当年祖暅发现这个定律的过程，然而利用极限思想，把圆内接正多边形分割成面积相等的图形，再推出圆内接正多边形和圆的面积无限接近，这种想法确实是对的。

祖暅原理的一个神奇应用就是推导球体积公式——这是人类历史上的第一次。在此之前，人们推导球体积公式，要么只能求得近似值，要么结果连近似值都算不上。

祖暅和祖冲之利用了刘徽构造出的牟合方盖，解决了这个问题。两个圆柱从一个正方体的纵横两个方向穿入，均成为内切圆柱（图 11.3 左），此时两个圆柱的公共部分就形成了牟合方盖（图 11.3 右）。

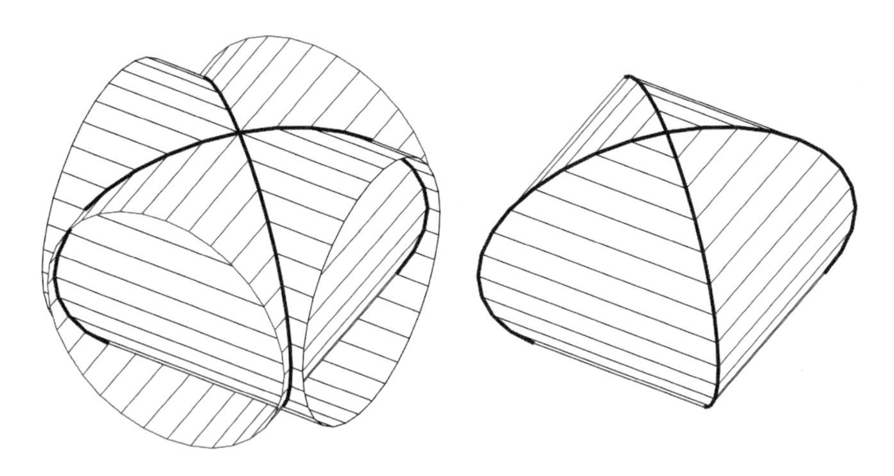

图 11.3

牟合方盖是如何被用来推导球体积公式的呢？我们看下面的过程：图 11.4 左图是一个半球，右图是一个圆柱，两个图形的底面都是半球的大圆，高为半球的半径。在圆柱内倒置一个圆锥，该圆锥的顶点位于圆柱底面的圆心 $O_2$ 处，且和圆柱等高。

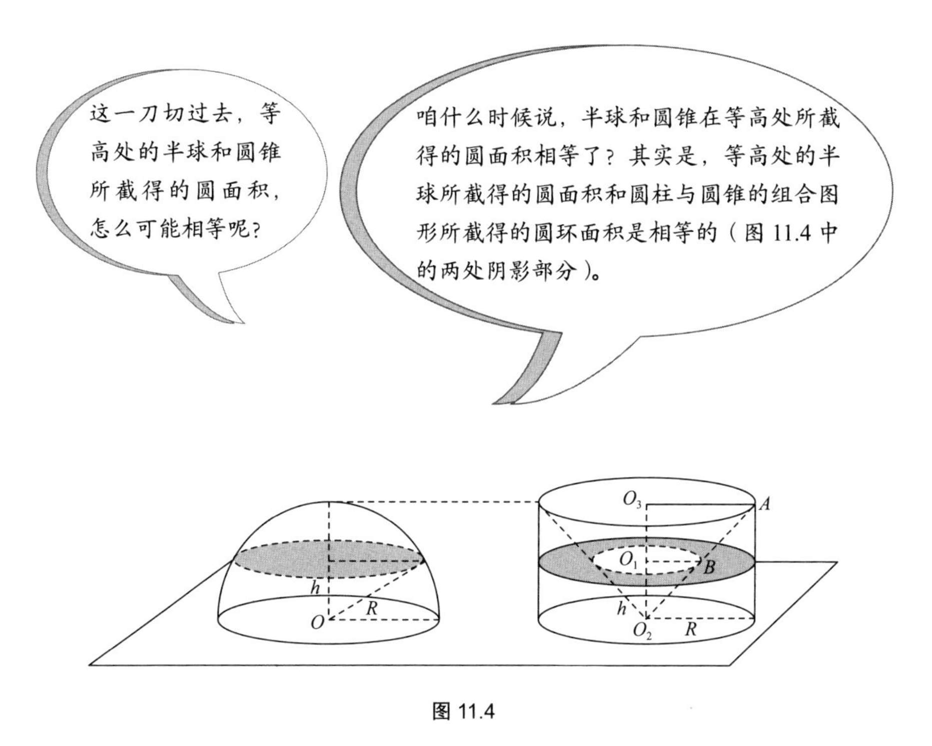


图 11.4

设截面的高为 $h$，则图 11.4 左图中截面的面积为 $\pi(R^2-h^2)$，右图中显然 $O_1B=O_1O_2=h$，所以圆环面积也为 $\pi(R^2-h^2)$，从而满足了祖暅原理的条件。而圆柱和圆锥的体积都是已知的，因此半球的体积为 $\frac{2\pi R^3}{3}$，可知球的体积为 $\frac{4\pi R^3}{3}$。

这个结果比西方早了一千多年，在西方，同一结果最早是由意大利的卡瓦列里提出的。人们为了纪念祖冲之，就将月亮上的一座环形山命名为“祖冲之环形山”。他当之无愧。

极限思想在中国古代数学研究中既涉及哲学上的思考，又有真正意义上数学的探索，内容十分丰富。

极限是微积分的基础。没有极限，整座微积分的大楼就失去了地基。接下来，我们就来看看极限与微积分之间到底有着怎样的联系。

微积分包含了两大块内容：微分和积分，而这两大块内容都是以极限为基础的。

我们首先来看微分是怎么回事。假设甲乙两地相距 100 千米，一位“孤勇者”从甲地向乙地出发，10 小时后到达，请问：此人的平均速度是多少？

答案很简单：10 千米 / 时。对小学生而言，这个答案已经足够好了。但真实世界如此复杂，我们自然就要多想想。事实上，我们只知道“孤勇者”在 10 小时内走了 100 千米，可他到底是怎么走的？是先向乙走了 40 千米，然后折返 20 千米，再然后向乙地出发，还是走了 10 千米，然后睡了 2 小时再接着走，又或者是干脆一口气走完的？

更难为的是，如果我们想知道他在 6 小时 48 分时的瞬时速度是多少，又该怎么办呢？什么是瞬时速度？从字面上很容易理解，就是物体在某一时刻的速度。但是，这个概念实在是有点儿难。

平均速度是通过总位移除以总时间求得的，然而在某一时刻的速度对应的时间似乎是……0？而分母为 0 在除法中显然是不被允许的。所以我们可以这样去理解：即从这一时刻 $t$ 开始，物体做匀速直线运动，其速度就是在 $t$ 时刻的瞬时速度。可问题是，这在数学上是很难计算的，我们还是无法得到物体的瞬时速度。

毫无疑问，我们需要化归。

既然是速度，那么一定离不开位移除以时间。现在的困难是运动的时间为 0，而在数学上，时间不能为 0，那么就用一个“非常短”的时间来代替吧。遵循之前的记号法则，我们记这个时刻为 $t$。然后，物体又运动了极短暂的时间 $\Delta t$ ，而位移很显然是一个关于 $t$ 的函数，记作 $s(t)$ ，即从 0 时刻到 $t$ 时刻物体的位移。因此，从 $t$ 时刻到 $t+\Delta t$ 时刻物体的平均速度是很容易求的：

$$\overline{v}=\frac{s(t+\Delta t)-s(t)}{\Delta t}$$

然后，我们让 $\Delta t$ 趋于 0，此时 $s(t+\Delta t)-s(t)$ 显然也是趋于 0 的。容易看出，只要 $\Delta t$ 越来越小，那么这个平均速度 $\overline{v}$ 就无限逼近在 $t$ 时刻物体的瞬时速度了。

所以，物体在 $t$ 时刻的瞬时速度 $v$ 可以视为从 $t$ 时刻开始到 $(t+\Delta t)$ 时刻之间物体的平均速度 $\overline{v}$ 在 $\Delta t$ 趋于 0 的情况下的极限，用数学表达式写出来就是

$$v=\lim_{\Delta t\to 0}\frac{s(t+\Delta t)-s(t)}{\Delta t}$$

这就是函数导数的定义。看起来是不是也没那么难理解？

当然，我们可以暂时忽略这个极限是否存在，以及具体的求法，我们只需知道，函数的导数是一种极限即可。

同时，从瞬时速度的表达式可以看出，如果 $\Delta t$ 不变，而 $s(t+\Delta t)-s(t)$ 越大，那么 $v$ 也就越大。瞬时速度其实就是用来描述物体在某一刻位移变化快慢（即变化率）的物理量。

我们可以把位移改成其他的量，比如光、热、磁电的传导率，以及化学中的反应速率，甚至经济学中的资金流动率、人口的即时增长速度等，只要涉及增量和时间相关的情况，其本质都是导数。换言之，导数就是变化率，就是极限。

那么什么是积分呢？这就要从平面几何说起了。我们在平面几何中讲过，一切图形面积可以化为单位正方形的面积，有了单位正方形的面积才有了长方形的面积，继而才得出其他各种各样图形的面积（图 11.5）。

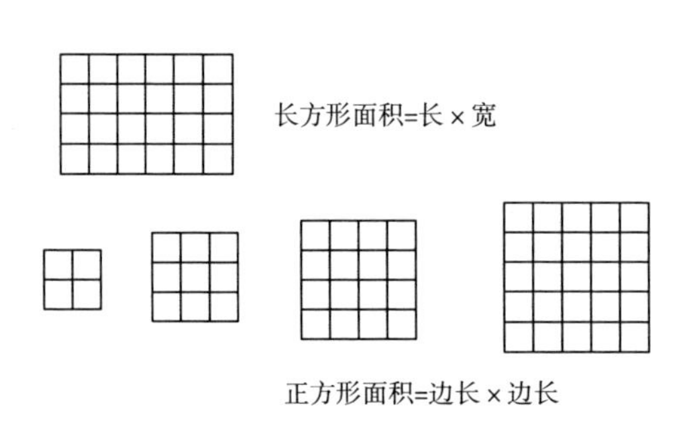


图 11.5

在数学史上，人类计算直线型图形的面积早已是得心应手，但说到计算曲线图形的面积，在很长一段时间内，人们的办法还是不多。除了计算圆面积，阿基米德用化归思想得到了抛物弓形的面积——当然他也用到了极限思想。这些故事我们之前讲过了，这里不再赘述。

现在的问题是：阿基米德用三角形来求抛物弓形的面积，你觉得有没有什么“不自然”的地方？友情提示：不妨再仔细读一下上面两段文字。

现在我来揭秘：既然长方形面积是一个基础，难道不该用长方形面积来逼近抛物弓形的面积，才更合理吗？

当然，如果这个曲线图形的边界乱成一团，我们就可以用之前提过的蒙特卡罗法来计算其面积的近似值。但从化归的角度来看，不妨先考虑只有一边为曲线的图形的面积。

图 11.6 中的图形只有一边是曲线，我们总可以通过切割，把这个图形切割成上部分的曲面图形外加几个直线型图形。计算直线型图形的面积，我们总是有办法的，那么曲面图形的面积又该如何计算呢？

怎样求下方曲边梯形的面积呢？

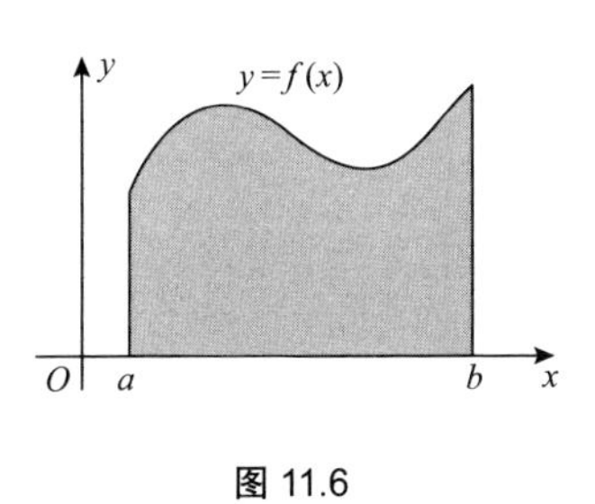


图 11.6

这个图形很像一条边被替换为曲线的直角梯形，我们不妨称之为曲边梯形。那么曲边梯形的面积该如何求呢？

设函数 $f(x)$ 在 $[a, b]$ 上的最大值和最小值分别为 $M$ 和 $m$，则曲边梯形的面积一定在 $m(b-a)$ 和 $M(b-a)$ 之间。从直观上说，总是存在一个值 $K$，使得曲面梯形的面积恰好等于 $K(b-a)$ 的，然而，$K$ 的值必须在知道了这个面积的值之后才能确定。

如果你在没有任何知识铺垫的情况下，想出求这一图形的面积的办法，那你比牛顿都厉害——当年，牛顿也是在吸取了前人的经验后，加上自己非凡的创造力，才解决了这个问题。当然了，就算有了知识铺垫，你能独立解决这个问题也是不得了的事情——尤其，假如你之前压根儿不知道什么是微积分的话。

很显然，我们考虑用长方形的面积来逼近目标，该怎么做呢？一个长方形肯定是不够的，理由咱们已经讲过了。两个长方形似乎也不太够，同理，三个也不太够……总之，有限数目的长方形肯定是不行的，因为看起来总是有些误差（图 11.7）。

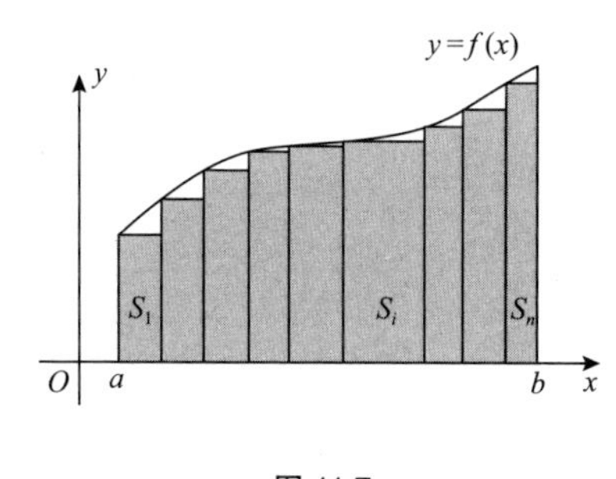


图 11.7

将曲边梯形分成 $n$ 个小曲边梯形，并用小长方形的面积代替小曲边梯形的面积，于是曲边梯形的面积 $S$ 近似为：

$$S \approx S_1 + S_2 + \cdots + S_n$$

如图 11.7 所示，每个长方形的面积都比对应的小曲边梯形的面积略小一些，所以，所有长方形的总面积肯定是比整个曲边梯形的面积要小。如果我们把小的长方形不断分割，就会发现每个长方形虽然仍然比对应的曲边梯形的面积要小一点儿，但误差却在以肉眼可见的速度减小。假如每个小长方形被分割到宽几乎为 0，那是不是可以近似地把小长方形的面积等同于小曲边梯形的面积了？因此，这些面积几乎为 0 的小长方形的面积之和的极限，就是曲边梯形的面积。

当然，在这个分割的过程中，我们不能仅仅要求这种分割是无限的。不妨来看以下的情形：如图 11.8 所示，把曲边梯形在 $x=\dfrac{a+b}{2}$ 处切开，然后其中一块不动，另一块被无限分割，很显然，以这种分割方式是得不到我们想要的结果的。

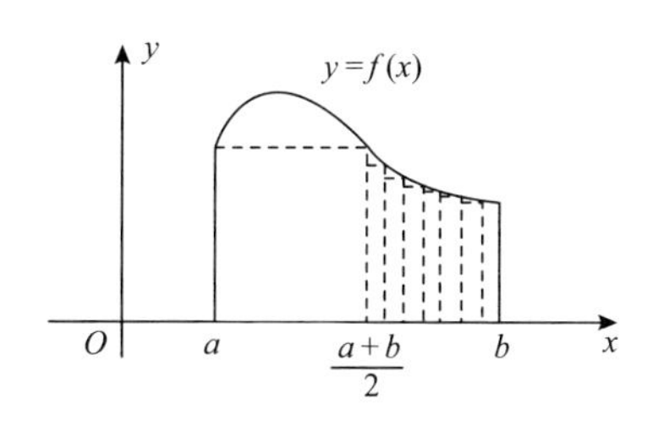


图 11.8

事实上，这种方法很难令人信服。

在我们所学过的数学里，相等就是相等，大于就是大于，像这样在近似之后得到一个精确值的情形，在初等数学中是闻所未闻的。其实，上面描述的是一个非常粗略的过程，有很多技术性的细节被忽略了，比如，为什么这样的近似是合理的？如何保证用每个用来逼近的小长方形越来越“细”？

作为初学者，你如果能想到这些问题，固然值得表扬，但是过于在意细节，其实对数学学习是不利的。要知道，就连牛顿都没能彻底解决与这些严格性相关的问题，又历经了百年后，最终由柯西、魏尔斯特拉斯等人构造了微积分严格性的相关理论。单凭咱们普通人的一己之力，就想从零开始复刻这些工作，实在是有些异想天开了。所以，这些和严格性相关的问题就等到你正式学习微积分的时候再去研究吧。

微分是速度（变化率），积分是面积，两者的核心都是极限。

如果你能够说出这三句话，那懂得微积分的人会视你为“同类”——尽管你可能是一位初中生。就对数学思想的理解来说，能理解、说出这种话，比能在形式上进行一些微积分计算可要厉害多了。

我们用一个有趣的例子来收尾：利用极限这个工具来证明 $\pi=4$ 。

其实，这个例子很好地说明了在利用分割、近似、求和，最后求出曲边梯形面积的过程中，近似其实也是有大学问的，只不过对于初学者来说，分析“不成立”的情形有些难，因此我就不讲了。而图 11.9 中的例子却非常易懂。

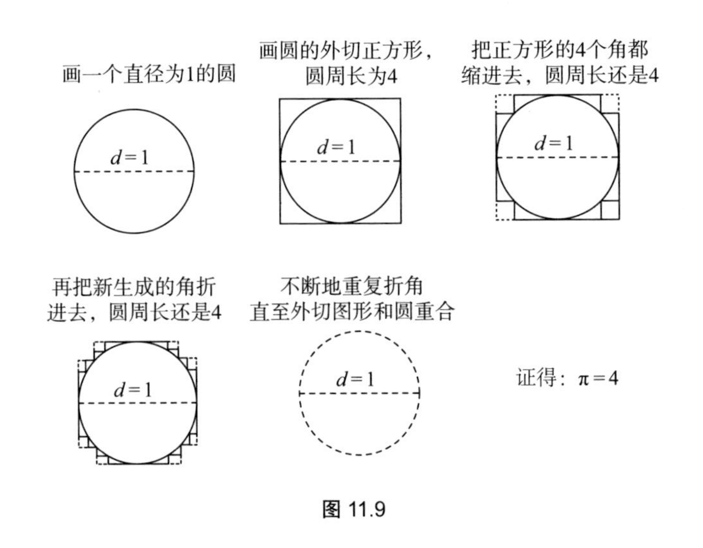


图 11.9

我们在讲割圆术的时候也提到过，割圆术的核心是用圆的内接正多边形来逼近圆。显然，图 11.9 中的逼近方式，圆外的锯齿状图形的周长肯定是大于圆周长的，自然，它也大于圆内接正多边形的周长。然而在无限细分之后，在感觉上，每个小锯齿的两条直角边其实没比斜边长多少，那为什么最后算出来的圆周率竟然是 4 呢？

毫无疑问，这个结论是荒谬的，但是我们要能够很清楚地说明，这个结论荒谬在哪里——这话就长了。虽然我们的数学工具可能不够用，但我们仍然可以看出来：尽管每个小直角三角形中的误差已经肉眼不可见，但这些误差在累积后却不能被忽略。因此，能不能近似、怎么近似，这里的学问可就太大了。

从有限到无限，再到极限，这是我们一窥高等数学门径的必由之路。初学者一定不要拘泥于细节，先对这些概念形成一个基本印象，提高自己对数学的认知水平，然后仔细研究在技术上如何去描述，这才是从根本上学好数学的正道。如果一上来就纠结于形式化或细节的内容，陷入其中，那或许咱们充其量只能当个匠人，永远成不了真正的数学家了。